U0159359

ELECTROCHEMICAL ENERGY
STORAGE POWER STATION TECHNOLOGY

电化学
储能电站技术

国网湖南省电力有限公司电力科学研究院　组　编
余　斌　主　编
严亚兵　周　挺　黄博文　李　辉　副主编

中国电力出版社
CHINA ELECTRIC POWER PRESS

内 容 提 要

"双碳战略"的实施、新型电力系统的建设、新能源的快速发展，促进了新型储能电站规模化建设和运营的新阶段。为促进电化学储能电站的发展，加强储能从业人员对储能电站结构组成、设备原理及控制技术的交流和学习，国网湖南省电力有限公司电力科学研究院组织编写了《电化学储能电站技术》一书。

本书共十章，分别介绍了电化学储能电站发展及应用、组成、关键设备系统技术、运行控制技术、调试及测试技术，涉及面广，内容翔实，具有较好的参考价值。

本书可供供电企业从事电网系统运维、检修工作的技术及管理人员使用，也可供储能厂商、电力用户相关专业技术人员及大专院校相关专业师生参考。

图书在版编目（CIP）数据

电化学储能电站技术 / 余斌主编；国网湖南省电力有限公司电力科学研究院组编.—北京：中国电力出版社，2021.12（2024.4 重印）
ISBN 978-7-5198-6284-8

Ⅰ.①电… Ⅱ.①余… ②国… Ⅲ.①电化学—储能—电站 Ⅳ.① TM62

中国版本图书馆 CIP 数据核字（2021）第 262539 号

出版发行：中国电力出版社
地　　址：北京市东城区北京站西街 19 号（邮政编码 100005）
网　　址：http://www.cepp.sgcc.com.cn
责任编辑：畅　舒（010-63412312）
责任校对：黄　蓓　郝军燕
装帧设计：王红柳
责任印制：吴　迪

印　　刷：三河市航远印刷有限公司
版　　次：2021 年 12 月第一版
印　　次：2024 年 4 月北京第四次印刷
开　　本：880 毫米 ×1230 毫米　32 开本
印　　张：11　插页 1 张
字　　数：225 千字
印　　数：2801—3800 册
定　　价：75.00 元

本书编委会

前　　言

　　能源安全是关系国家经济社会发展的全局性、战略性问题。习近平总书记在中央财经委员会第九次会议上部署未来能源领域重点工作：要把碳达峰、碳中和纳入生态文明建设整体布局，拿出抓铁有痕的劲头，如期实现 2030 年前碳达峰、2060 年前碳中和的目标。要构建清洁低碳安全高效的能源体系，控制化石能源总量，着力提高利用效能，实施可再生能源替代行动，深化电力体制改革，构建以新能源为主体的新型电力系统。在高比例可再生能源场景下，对于能源的灵活性需求随之将会大幅增长。在此背景下，储能作为优质的灵活性资源，如何为系统提供可靠、高效、安全以及优质的灵活性服务，将是一个重要课题。电化学储能在电网侧正处于发展初期，还在工程示范阶段，相关技术需要重点加大力度普及推广。

　　鉴于电化学储能建设劲头正盛，电网侧储能技术刚刚起步，相关从业与研究人员所能参考的现场资料寥寥可数，给工程建设、运维管理、技术开发造成了极大困扰。值此严峻形势下，国网湖南省电力有限公司电力科学研究院牢记使命，奋勇当先，结合湖南电网侧储能电站建设经验，组织编写《电化学储能电站技术》一书，以期为推动储能行业进一步发展贡献力量。

　　本书第 1、2、4、6、8、10 章由余斌主编，第 3 章由向缨竹主编，第 5 章由严亚兵主编，第 7、9 章由赖锦木主编，李辉和黄博文负责全书的校核和技术指导。本书受到湖南省电力有限公司科研资助，得到湖南省长沙市电化学储能电站一期示范工程各参建单位，特别是浙江南都能源互联网有限公司、国电南瑞南京控制系统有限公司、长园深瑞继保自动化有限公司、杭州协能科技股份有限公司的大力支持，同时对本书所引用的公开发表的国内外有关研究成果的作者、各制造厂家生产装置中公开发表的技术成果的作者，在此一并表示衷心感谢。

　　由于编者水平有限，书中难免有不妥或纰漏之处，恳请读者批评指正。

编者
2021 年 7 月

目　　录

1 电化学储能电站概述

2020年9月22日，中国在第七十五届联合国大会上郑重宣布将提高国家自主贡献力度，二氧化碳排放力争2030年前达到峰值，努力争取2060年前实现碳中和。做好碳达峰、碳中和工作，不仅是中国政府向国际社会的庄严承诺，也是中央经济工作会议确定的2021年八大任务之一，更为构建清洁低碳、安全高效的能源体系提出了明确时间表。2021年3月15日，习近平总书记在中央财经委员会第九次会议上部署未来能源领域重点工作：要构建清洁低碳安全高效的能源体系，控制化石能源总量，着力提高利用效能，实施可再生能源替代行动，深化电力体制改革，构建以新能源为主体的新型电力系统。在高比例可再生能源场景下，对于能源的灵活性需求随之将会大幅增长。在此背景下，储能作为优质的灵活性资源，如何为系统提供可靠、高效、安全以及优质的灵活性服务，将是一个重要课题。

1.1 电化学储能电站的基本概念及特点

根据《电化学储能电站技术导则》（Q/GDW 10769—2017），电化学储能电站是采用电池作为储能元件，可进行

1

电能存储、转换及释放的电站。

相比较抽水蓄能等其他储能方式，电化学储能电站具有以下特点：第一，响应速度快，毫秒级时间尺度内实现额定功率范围内的有功、无功的输入和输出；第二，精准控制，能够在可调范围内的任何功率点保持稳定输出；第三，具有双向调节能力，既可以充电作为用电负荷，又可以放电作为电源，具有额定功率双倍的调节能力；第四，电化学储能电站技术相对成熟，建设周期短，能够快速响应应用需求；第五，设计灵活、配置方便，采用模块化设计，基本上不受地理条件的限制。正是由于电池储能技术具有上述特点，使得其在电力系统中广泛应用于平抑新能源出力波动、提高电能质量、削峰填谷、调峰调频、提高供电能力、提高孤立电网稳定性及作为应急备用电源提供供电可靠性等多个方面。

1.2　电化学储能电站的发展概况与趋势

根据调查，截至 2019 年底，全球已投运储能项目累计装机规模为 183.1GW，同比增长 1.2%。2019 年，我国电化学储能技术取得了重要进展，累计装机规模为 1709.6MW（见图1－1），占全国储能规模总额的 4.9%，同比增长了 1.5%。截至 2020 年底，国内已投运电化学储能累计装机规模为 3269.2MW，同比增长 91.2%。从地域分布看，主要集中于新能源富集地区和负荷中心地区；从应用分布看，用户侧储能装机占比最大，占 51%，其次是电源侧辅助服务（占24%）和电网侧（占22%）。进入"十四五"发展阶段，为实现"碳达峰"和"碳中和"的发展目标，分布式光伏、分散

2

式风电等分布式能源的大规模推广，新能源开发和利用势在必行，电化学储能行业将面临更广阔的市场机遇。

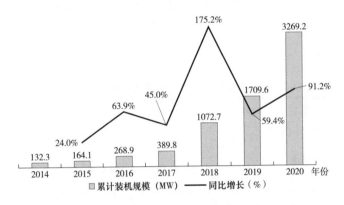

图 1-1　近年来我国电化学储能电站累计装机规模

　　在电池储能技术特性方面，受产业规模、系统成本、能量及功率特性、服役特性、可回收性等综合影响。应用于储能工程的铅蓄电池包括铅酸电池和铅炭电池。铅炭电池是在传统铅酸电池基础上对负极材料进行了电容式改进，结合了铅酸电池和超级电容器两者的优势，由于加了碳材料，阻止了负极硫酸盐化现象，显著提升了电池的循环寿命。应用于储能工程的锂离子电池种类繁多，包括2011—2015年投运较多的聚合物锂电池、锰酸锂电池及钛酸锂电池，以及近年来发展迅猛的磷酸铁锂电池、三元锂电池和梯次利用锂电池。磷酸铁锂电池具有稳定性高、循环寿命长等优点，是国内电力储能系统的热门及应用最多的锂离子电池技术。目前锂离子电池(磷酸铁锂电池和三元锂电池)优势突出，全钒液流电池、铅炭电池及梯次利用锂电池特定场景下具备竞争力。铅蓄电池服役寿命过短、钛酸锂电池一次性投资成本过高、钠硫电池安全问题突出且技术进步缓慢、超级电容器能量成本过高，这几类电池现阶段市场竞争力不足。典型规模化电池储能技术经济特性比较见表1-1。

表1-1　典型规模化电池储能技术经济特性比较

电池类型	铅蓄电池	磷酸铁锂电池	三元锂电池	全钒液流电池
工作电压(V)	2	3.3～3.7	3.2～4.2	1.5
能量密度 (Wh/kg)	25～50	130～160	200～220	7～15
功率密度 (W/kg)	150～500	500～1000	1000～1500	10～40
倍率(放电) 性能	0.25C	长期2C/ 瞬时5C	长期2C/ 瞬时5C	2～5C
荷电状态推荐 使用范围(%)	30～80	10～90	10～85	30～90
电池组循环 次数(次)	2500～3500	3500～5000	3000～3700	6000～8000
响应速度	<10ms	毫秒级	毫秒级	毫秒级
系统能量成本 (万元/MWh)	90～120	150～230	200～240	350～420
系统功率成本 (万元/MW)	1500～1950	180～300	150～300	800～1500
度电成本 (元/kWh)	0.44～0.71	0.69～1.11	—	0.64～0.86

电池类型	铅蓄电池	磷酸铁锂电池	三元锂电池	全钒液流电池
电池效率	80% ~90%	0.1C：98%；1C：90%	0.1C：98%；1C：90%	60% ~75%
安全性	析氢等弱风险	保护措施得当燃烧风险较低	燃点低，燃烧风险较高	高温环境下五氧化二钒等毒性弱风险
环保性	存在一定环境风险	环境友好	环境友好	一般
应用场景	容量型	能量型	能量型	容量型
初始投资	相对小	适中	较大	较大

注 C表示电流倍率。

在成本方面，储能系统成本有两个核心参数，即一次性投资成本和全寿命周期度电成本。在具有特定收益模式的应用场景下，一次性投资成本越低，投资回报期越短，全寿命周期度电成本越低，利润空间越大。

一次性投资成本指初始设备总投资，对于电池储能系统来说，包含储能变流器、电源管理系统、储能电池、消防装备、监控系统等。除铅酸电池之外，铅炭电池一次性投资成本 1000 ~1300 元/kWh，为各类技术最低。磷酸铁锂和三元锂电池受电动汽车产业的推动，成本下降速度极快。磷酸铁锂一次性投资成本 1600 ~2000 元/kWh，多数供应商出厂成本约 1800 元/kWh。

不考虑运营维护成本的前提下，全寿命周期度电成本 = 全寿命周期内设备总投资/全寿命周期内可存储电量 = (PCS +

BMS + 电池成本 + 其他 - 电池残值)/(电池额定容量 × DOD × 循环次数 × 储能逆变器效率 × 电池充放电效率)。基于各类电池储能技术的循环寿命及能量转换效率，可计算获得电池储能技术的全寿命周期度电成本，国内市场中应用较多的铅炭电池、磷酸铁锂、三元锂电池和全钒液流电池四类储能技术中，铅炭电池全寿命周期度电成本最低，在 0.5 ~ 0.7 元/kWh。磷酸铁锂度电成本 0.6 ~ 0.8 元/kWh，三元锂电池 1.0 ~ 1.5 元/kWh，全钒液流电池受钒价格影响，2018 年成本略有增长。

在政策方面，自《"十三五"规划》出台，我国各地方政府部门针对储能产业出台的政策层出不穷，储能产业在密集政策的推动下迅速发展。针对储能产业的政策主要集中在解决可再生能源并网出现的问题和电网侧调峰调频，电化学储能作为快速发展的储能方式，得到较大的政策助力。

2019—2020 年行动计划出台，各部门各司其职保障储能产业化应用。2017 年国家发展改革委等五部门联合发布《关于促进储能技术与产业发展的指导意见》，其中明确提到在"十三五"期间储能产业发展进入商业化初期，"十四五"期间储能产业规模化发展。2019 年 7 月为进一步的贯彻落实该项指导意见，国家发展改革委等四部门发布 2019—2020 年行动计划，其中对国家发展改革委员会、科学技术部、工业和信息化部、国家能源局的工作任务都做了详细部署，进一步推进我国储能技术与产业健康发展。2016 年以来频繁出台的储能扶持政策见表 1 - 2，2019—2020 年行动计划出台明确各部门职责见表 1 - 3。

表 1-2 **2016 年以来储能扶持政策**

时间	发布主体	政策名称	要点
2014.11	国务院办公厅	《关于印发能源发展战略行动计划（2014—2020 年）的通知》（国办发〔2014〕31 号）	首次将储能列入 9 个重点创新领域之一，要求科学安排储能配套能力以切实解决弃风、弃光、弃水问题
2015.03	国务院办公厅	《关于进一步深化电力体制改革的若干意见》（中发〔2015〕9 号）	明确储能参与调峰和可再生能源消纳的身份
2015.09	国家发展改革委、国家能源局、工信部	《关于推进"互联网+"智慧能源发展的指导意见》	推动在集中式新能源发电基地配置适当规模的储能电站，实现储能系统与新能源、电网的协调优化运行；推动电动汽车废旧动力电池在储能电站等储能系统实现梯次利用；推动建设家庭应用场景下的分布式储能设备
2016.03	中共中央委员会	《"十三五"规划》	加快推进大规模储能等技术研发应用，大力推进高效储能等新兴前沿领域创新和产业化

续表

时间	发布主体	政策名称	要点
2016.04	国家发展改革委、国家能源局	《关于印发〈能源技术革命创新行动计划（2016—2030）〉的通知》（发改能源〔2016〕513号）	明确提出先进储能技术创新：研究面向电网调峰提效、区域供能应用的物理储能技术；研究面向可再生能源并网、分布式即微网、电动车应用的储能技术
2016.05	国家发展改革委、国家能源局、财政部、环境保护部、住房城乡建设部、工业和信息化部、交通运输部、中国民用航空局	《关于推进电能替代的指导意见》（发改能源〔2016〕1054号）	在可再生能源装机比重较大的电网地区，推广应用储能装置，提高系统调峰调频能力
2016.06	国家发展改革委、工业和信息化部、国家能源局	《关于印发〈中国制造2025能源装备实施方案〉的通知》（〔2016〕1274号）	储能设备要做好技术攻关、试验示范和推广应用

续表

时间	发布主体	政策名称	要点
2016.06	国家能源局	《关于促进电储能参与"三北"地区电力辅助服务补偿（市场）机制试点工作的通知》（国能监管〔2016〕164号）	探索电储能在电力系统运行中的调峰调频作用及商业化应用，推动建立促进可再生能源消纳的长效机制
2016.12	国家发展改革委	《关于印发〈可再生能源发展"十三五"规划〉的通知》（发改能源〔2016〕2619号）	推动储能技术示范应用，配合国家能源战略行动计划，推动储能技术在可再生能源领域的示范应用，实现储能产业在市场规模、应用领域和核心技术等方面的突破
2016.12	国家发展改革委、国家能源局	《关于印发能源发展"十三五"规划的通知》（发改能源〔2016〕2744号）	加快优质调峰电源建设，积极发展储能，显著提高电力系统调峰和消纳可再生能源能力

续表

时间	发布主体	政策名称	要点
2017.10	国家发展改革委、财政部、科学技术部、工业和信息化部、国家能源局	《关于促进储能技术与产业发展的指导意见》（发改能源〔2017〕1701号）	要着力推进储能技术装备研发示范、储能提升可再生能源利用水平应用示范、储能提升电力系统灵活性稳定性应用示范、储能提升用能智能化水平应用示范、储能多元化应用支撑能源互联网应用示范等重点任务
2017.10	国家发展改革委、国家能源局	《关于开展分布式发电市场化交易试点的通知》（发改能源〔2017〕1901号）	鼓励分布式发电项目安装储能设施
2017.11	国家能源局	《关于印发〈完善电力辅助服务补偿（市场）机制工作方案〉的通知》（国能发监管〔2017〕67号）	按需扩大电力辅助服务提供主体，鼓励储能设备、需求侧资源参与提供电力辅助服务，允许第三方提供参与电力辅助服务

续表

时间	发布主体	政策名称	要点
2017.11	中共中央国务院	《关于推进价格机制改革的若干意见》	研究有利于储能发展的价格机制
2018.03	国家能源局	《关于印发 2018 能源工作指导意见的通知》(国能发规划〔2018〕22号)	积极推进储能技术试点示范项目建设
2018.07	国家发展改革委	《关于创新和完善促进绿色发展价格机制的意见》(发改价规〔2018〕943号)	利用峰谷电价差、辅助服务补偿等市场化机制,促进储能发展
2019.01	南方电网	《关于促进电化学储能发展的指导意见》(征求意见稿)	支持各类主体按照市场规则投资、建设、运营储能系统
2019.02	国家电网	《关于促进电化学储能健康有序发展的指导意见》(国家电网办〔2019〕176号)	国网将有序开展储能投资建设业务

表 1 - 3　　　2019—2020 年行动计划出台明确各部门职责

牵头部门	主要内容
国家发展改革委员会	加大储能项目研发实验验证力度
	推动配套政策落地，进一步建立完善峰谷电价政策，为储能行业和产业的发展创造条件
	完善储能相关基础设施，推进停车充电一体化建设
科学技术部	加强先进储能技术研发，使我国储能技术在未来 5 ~ 10 年甚至更长时期内处于国际领先水平
国家能源局	提升储能安全保障能力建设，在电源侧研究采用响应速度快、稳定性高、具备随时启动能力的储能系统，以及研究采用大容量、响应速度快的储能技术
	规范电网侧储能发展
	调整抽水蓄能电站选点规划并探索研究海水抽水蓄能电站建设
	组织首批储能示范项目，积极推动储能国家电力示范项目建设
	推进储能与分布式发电、集中式新能源发电联合应用；开展储能保障电力系统安全示范工程建设；推动储能设施参与电力辅助服务市场
	开展充电设施与电网互动研究
	完善储能标准体系建设
工信部	继续推动储能产业智能升级和储能装备的首台（套）应用推广

综上分析，近年来我国电池储能发展迅速，电化学储能电站发展现状主要呈现以下四个方面的特点：

（1）装机容量规模快速发展。截至 2020 年底，国内已投运电化学储能累计装机规模为 3269.2MW，较 2015 年的 167.0MW 在短短的六年时间内增长了近 20 倍。尤其是近年来电网侧一系列电化学储能电站项目，如江苏镇江 101MW/202MW 时储能电站、冀北电力公司风光储示范工程等相继并网运行，极大地推动了储能电站的规模化发展。总体上来看，电化学储能电站规模化运行一方面减少了电源及电网投资，提高存量资产利用效率；另一方面电池储能与风电、光电联合应用，在提升电网接纳清洁能源的能力、平稳发电出力、减缓可再生能源弃风弃光等方面均发挥了重要作用。

（2）电池储能技术日趋成熟。电池储能技术是当前研究热点，多种新型电池技术仍在不断推出，如钛酸锂电池、铅碳电池和锌溴电池等。以长寿命、高安全、低成本及高可靠为发展趋势。近年来，我国电化学储能电站的安全性、循环使用寿命、环保性等关键技术指标均得到了大幅提升。

（3）单位成本逐年下降。正是由于近年来我国电化学储能电站技术水平的提高和规模化商业运营，使得电化学储能电站单位成本呈现逐年下降趋势。根据相关数据显示，2010 年我国锂电化学储能电站的价格综合度电成本为 2.42 元/kWh，2018 年为 0.4~0.5 元/kWh，成本下降趋势遵循完美的学习曲线，反过来促进了电化学储能电站的规模化发展和技术水平提升。

（4）储能电站配套政策不断完善。为推动储能行业发展，我国出台了涉及战略规划、市场机制、技术研发、财政税补等方面的配套政策。在可再生能源快速发展、电价政策不断完善、储能安装补贴政策发布、储能应用效果日益显现等多重因素的推动下，少部分储能技术已经开始由示范应用向商业化初期过渡。

1.3 电化学储能电站在电力系统中的需求与应用

随着储能技术成熟度不断提高，其成本空间和利润空间也被不断挖掘，在储能相关政策持续出台的支持下，包括锂离子电池储能、铅蓄电池储能和钠硫电池储能等技术都在各自领域开展了商业化探索。电化学储能电站在电力系统中的需求与应用覆盖了电力生产、传输、消费的全过程，包括电网输配与辅助服务、可再生能源并网、分布式及微网、用户侧各部分等，如表 1-4 所示，可进一步归纳为储能电站在发电侧、电网侧、用户侧的应用，如图 1-2 所示。

表 1-4   储能电站应用场景及储能规模

应用场景	作用	储能规模	
		低值	高值
可再生能源并网	平滑输出	1kW	500MW
	多余电能存储	1kW	500MW
	即时并网（短时）	0.2kW	500MW
	即时并网（长时）	0.2kW	500MW
电网辅助服务	电网调峰	1MW	500MW
	调频辅助	1MW	100MW
	加载跟随	1MW	500MW
	电压支持	1MW	10MW
	黑启动	1MW	500MW

续表

应用场景	作用	储能规模	
		低值	高值
电网输配	缓解输电阻塞	1MW	500MW
	延缓输配电升级	250kW	500MW
	变电站备用电源	1.5kW	500MW
分布式及微网	基于分布式电源储能	1kW	50MW
用户侧	工商业削峰填谷	100kW	500MW
	需求侧响应	50kW	10MW
	能源成本管理	1kW	1MW
	电力服务可靠性	0.2kW	10MW

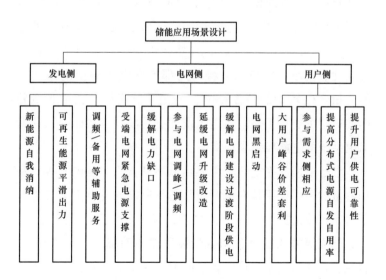

图 1-2 储能应用场景设计框图

1.3.1 储能电站在发电侧应用

储能电站在发电侧的应用主要包括新能源自我消纳、可再生能源平滑出力、调频/备用等辅助服务，解决"弃光、弃风"问题，改善电能质量。我国能源供应和能源需求呈逆向分布，风能主要集中在华北、西北、东北地区，太阳能主要集中在西部高原地区，而绝大部分的能源需求集中在人口密集、工业集中的中、东部地区；供求关系导致新能源消纳上的矛盾，风光电企业因为生产的电力无法被纳入输电网，而被迫停机或限产。据国家能源局统计，我国弃光、弃风率长期维持在 4% 以上，仅 2018 年弃风弃光量合计超过 300 亿 kWh。电化学储能技术能有效帮助电网消纳可再生能源，减少甚至避免弃光弃风现象的发生。风光发电受风速、风向、日照等自然条件影响，输出功率具有波动性、间歇性的特点，将对局部电网电压的稳定性和电能质量产生较大的负面影响，电化学储能技术在风光电并网的应用主要在于平滑风电系统的有功波动，从而提高并网风电系统的电能质量和稳定性。

维持电网的稳定性和可靠性离不开备用容量的支撑。备用容量的主要作用是在电网正常运行所需的发电出力意外中断时，可快速提供负荷所需电能，保证电力系统稳定运行。通过储能等方式提供备用容量被称作辅助服务，一般来说，备用容量应达到正常供电容量的 15% ~ 20%。储能电站用作备用容量时，其发电设备必须处于运行状态且可及时响应调度指令。与电网调峰不同的是，用于备用容量的储能电站主要是进行放电操作，需要随时做好响应准备，以保证在突发功率不平衡情况下系统的频率稳定。

1.3.2 储能电站在电网侧应用

储能电站在电网侧应用主要包括参与电网调峰/调频、受端电网紧急电源支撑、缓解电力缺口、延缓电网升级改造、缓解电网建设过渡阶段供电、电网黑启动等。以参与电网调峰为例，储能电站在电网不同工况下可以作为电源输出功率或是作为负荷吸收功率。与可再生能源自我消纳类似，电网可以利用储能装置在负荷高峰时期放电，在负荷低谷时充电，从而达到改善负荷特性、参与系统调峰的目的。储能电站直接受省级（或地区级）电网调度控制，省调（或地调）根据该母线发电出力、负荷曲线以及实时母线电压、频率等情况，控制储能电站的充电和放电，从而达到调峰的目的。

储能电站电网侧应用的补偿费用普遍由发电厂均摊，具体盈利机制各地方有所不同。发电企业因提供有偿辅助服务产生的成本费用所需的补偿即为补偿费用，国家能源局南方监管局在 2017 年出台了《南方区域发电厂并网运行管理实施细则》及《南方区域并网发电厂辅助服务管理实施细则》，两个细则制定了南方电力辅助服务的市场补偿机制，规范了辅助服务的收费标准，为电力辅助服务市场化开辟道路。

1.3.3 储能电站在用户侧应用

储能电站在用户侧的应用主要包括大用户峰谷价差套利、参与需求侧响应、提高分布式电源自发自用率、提升用户供电可靠性等。其应用场景包括充电站、工业园区、数据中心、港口岸电、岛屿、医院、商场、楼宇酒店等。以峰谷价差套利为例,峰谷价差套利是在低电价或系统边际成本时段购买廉价电能,在高电价或供不应求时段使用或卖出。峰谷价差套利的收益在很大程度上取决于峰谷电之间的价差。储能电站的成本和效率对大用户峰谷价差套利影响很大,其中成本包括固定投资成本和可变运维成本,效率包括充放电效率和容量衰减率等。影响大用户峰谷价差套利经济收益的因素包括购电、储电、放电等成本,以及卖电、用电收益等。跨季节或昼夜储能也可参与大用户峰谷价差套利,可用于解决新能源发电季度差异或日间差异。

1.4 电化学储能电站在电力系统中的应用前景及挑战

1.4.1 电化学储能电站在电力系统中的应用前景

随着风电、光伏等新能源在能源结构中占比不断提升,以及动力锂电池成本的快速下降,电化学储能在新能源并网、电力系统辅助服务以及峰谷电价套利等领域的应用场景正不断被开发并推广。

由于可再生能源电力的发电量受季节和天气条件的影响而波动性较大，且与稳定的用电需求不完全匹配，容易导致电网频率波动较大，为满足用户侧负荷的需求，且减少电网频率波动，经常会产生弃风、弃光现象，导致新能源利用率偏低。储能系统有助于解决可再生能源的消纳问题。储能系统的引入可以为风、光电站接入电网提供一定的缓冲，起到平滑风光出力和能量调度的作用，并可以在相当程度上改善新能源发电功能率不稳定，从而改善电能质量、提升新能源发电的可预测性，提高利用率。

目前火电应用与辅助服务面临技术端、成本端的压力。而电池储能系统具有自动化程度高、增减负荷灵活、对负荷随机和瞬间变化可做出快速反应等优点，能保证电网周波稳定，起到很好调频作用。火电储能共同参与 AGC 调频，通过储能跟踪 AGC 调度指令，实现快速折返、精确输出以及瞬间调节，弥补发电机组的响应偏差，能够显著改善机组 AGC 调节性能。随着辅助服务补偿机制的建立，加速储能系统在火电调频领域渗透。

峰谷电价的大力推行为储能套利提供可观空间。我国目前绝大部分省市工业大户均已实施峰谷电价制，通过降低夜间低谷期电价，提高白天高峰期电价，来鼓励用户分时计划用电，从而有利于电力公司均衡供应电力，降低生产成本，并避免部分发电机组频繁启停造成的巨大损耗等问题，保证电力系统的安全与稳定。储能用于峰谷电价套利，用户可以在电价较低的谷期利用储能装置存储电能，在电高峰期使用存储好的电能，避免直接大规模使用高价的电网电能，如此可以降低用户的电力使用成本,实现峰谷电价套利。

总之,储能技术日臻完善,在电源侧、电网侧、负荷侧都发挥了重要作用,大量的示范工程践行了其可行性和有效性,为新能源发电厂提供弃风、弃光电量的存储与释放,可有效缓解清洁能源高峰时段电力电量消纳困难,同时充分利用电网现有资源。多个国家已经把储能技术作为支撑智能电网和新能源发电的重要手段,开展了大量的储能示范工程项目,有效地推动了储能产业的发展。在国家清洁能源战略的引导下,随着储能成本的下降、技术的不断创新、商业模式的逐步丰富,储能产业必将快速发展。

1.4.2 电化学储能电站在电力系统中的挑战

(1)技术经济性制约。非抽水蓄能技术成本较高是制约储能产业规模化发展的关键因素。当前抽水蓄能电站投资功率成本为 1600~2100 元/kW,度电成本约 0.25 元/kWh。电化学储能技术中经济性较好的是铅碳电池和磷酸铁锂电池,度电成本分别为 0.5~0.7 元/kWh 和 0.6~0.8 元/kWh。未来低成本、长寿命储能专用电池将是技术研发和市场应用的主流。此外,应用于电网侧的电化学储能,其暂态特性功能应用需求越来越多:快速响应能力,从功率转换系统设备可以实现毫秒级响应;精准控制,要把整个输出功率进行非常精确地控制。从智能安全预警控保技术层面,不从单一设备的角度出发,要与 BMS、EMS 进行融合,互相形成一个完整系统进行安全预警控保。同时,还要求采用多机并联谐振抑制技术、虚拟同步技术、高科技制造技术等。由于电网技术同步规模比较大，精准同步控制技术非常困难，所以国家和企业都非常重视这方面技术的发展。

（2）本体安全性制约。锂离子电池热失控安全风险较为突出，其他类型电化学储能技术也存在一定的安全风险。电化学储能电池管理不当存在火灾或爆炸风险。锂离子电池、钠硫电池等储能电站都发生过较为严重的起火爆炸事故，严重影响政府、产业界及民众对储能产业的信任度，极大制约储能产业健康发展。本体技术内部安全可控和系统级别安全管理是解决电化学储能电站安全问题的主要方面。目前，我国有关储能的审批和标准体系还不够健全，急需设计储能安全准则和标准体系，最大程度降低发生危险事故的概率。

（3）环境负荷性挑战。电化学储能技术包含一定有毒有害物质、高成本元素，有毒有害物质的管控及高成本元素的回收具有挑战性。电化学储能电池有害物质可能会通过燃烧、泄漏等方式在运行过程中对环境造成污染。同时，退役储能电池若处置不当会对环境造成威胁。此外，含有高附加值元素的退役储能电池回收对资源的循环利用也至关重要。但由于电池结构过于复杂，回收效率低、产线设计困难、回收经济性较差等问题将制约未来储能电池回收产业的发展。

2 电化学储能电站的组成及工作原理

近年来，储能电站技术发展步伐加快，各储能电站主要在设备选型、布局、策略上存在差异，但大体结构相似，本章将简要介绍当前电化学储能电站典型架构及设备组成。

2.1 电化学储能电站的组成

电化学储能电站包括电池储能系统、功率变换系统、后台监控系统、站用电系统、高压配电系统五大部分。其中电池储能系统由储能电池以及与之对应的电池管理系统（BMS）组成，放置在电池舱内；功率变换系统（PCS）由储能变流器与对应的保护控制系统构成，与升压变压器和环网柜一起放置在PCS舱内；后台监控系统包含常规电气监控系统和能量管理系统（EMS），与二次保护设备、交直流电源一起放在二次设备舱内；站用电系统单独为一个舱；高压配电系统单独为一个室。一个电池舱（含2个电池堆和2个BMS）对应于一个PCS舱（含2个500kW PCS、1台升压变压器、1个环网柜）。如图2-1所示。

图 2-1　储能电站实物图

2.2　电化学储能电站的典型架构及工作原理

从一次设备角度看，电化学储能电站主要由电池堆、储能变流器、升压干式变压器及必要的连接开关、电缆构成。电池堆与电网通过储能变流器和升压变压器相连，实现四象限传输功能。从二次设备角度看，电化学储能电站主要还包括电池管理系统(battery management system，BMS)、储能变流器控制器、能量管理系统(energy management system，EMS)三部分，以及相关的独立二次和辅控系统构成。

2.2.1　电气一次系统

图 2-2 所示为当前国内电网侧储能电站的典型电气一次

接线方案。储能单元由电池与储能变流器(power conversion system，PCS)构成，单个储能单元的额定功率为1MW，额定容量为2MWh。电池作为能量的承载体，汇流后接入PCS进行逆变，经低电压交流断路器接入10kV升压变压器的低压侧，升压变压器高压侧由环网柜并联汇流通过进线断路器并入10kV母线，再由出线断路器接入电网变电站。

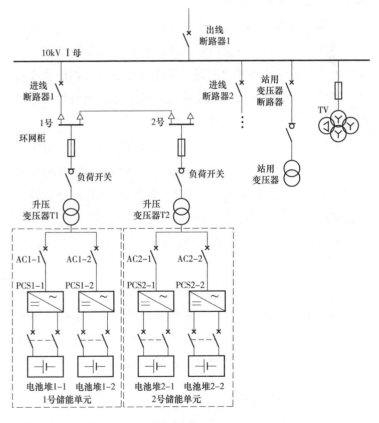

图2-2　电化学储能电站一次系统接线

电池采用磷酸铁锂电池，与其他电池相比，其具有比能量高、循环寿命长、成本低、性价比高、可大电流充放电、耐高温、高能量密度、无记忆、安全无污染等特点。电池采用电池组、电池簇、电池堆的三层分布式结构，电池组由单体电芯串并联组合而成，电池组串联到高压箱构成电池簇，电池簇并联到直流母排构成电池堆，电池堆运行功率为500kW，通过直流汇流柜送出。

储能 PCS 作为储能电池与电网的柔性接口，通过整流逆变一体化的设计，实现交流系统和直流系统的能量双向流动，即电池电能的存储与释放。其工作原理为通过三相桥式变换器，把储能电池的直流电压变换成高频的三相斩波电压，经滤波器处理成正弦波电流后并入电网。

升压变压器的容量与储能单元容量相匹配，设计容量为1250kVA，通过负荷开关接入环网柜，环网柜之间并联汇流后通过 10kV 进线断路器接入 10kV 母线。10kV 系统包括进线开关柜、出线开关柜、计量柜、站用变压器开关柜、母线TV 柜。10kV 母线采用单母分段接线方式，不设分段开关。

2.2.2　电气二次系统

电化学储能电站电气二次系统包括电池管理系统(battery management system，BMS)、PCS 控制保护系统、后台监控系统、继电保护及安全自动装置，如图 2-3 所示。

2.2.3　控制保护系统

BMS 能够实现电池状态监视、运行控制、绝缘监测、均

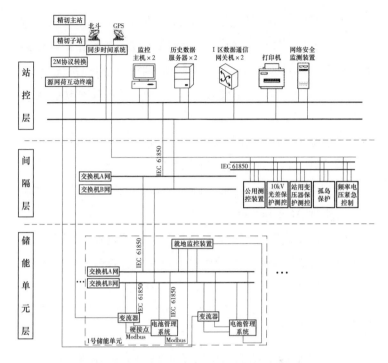

图 2-3 电化学储能电站二次系统通信结构

衡管理、保护报警及通信功能等，通过对电池状态的实时监测，保证系统的正常稳定安全运行。BMS 分为总控单元、主控单元及从控单元三个层级，总控单元对储能电池堆进行集中管理，负责电池系统的策略实现、数据汇总和对外通信；主控单元负责电池簇的管理，包括总电压检测、电流检测、绝缘检测、充放电过程管理、故障报警处理等；从控单元具有监测电池组内单体电池电压、温度的功能，并能够对电池组充、放电过程进行安全管理。

PCS 保护控制系统监测储能 PCS 的运行工况，可以在过电压、过电流、BMS 保护信号等故障条件下触发保护动作停机，具有故障录波功能。PCS 控制器接收后台监控系统指令，根据指令调节 PCS 工作模式，如充放电模式及有功、无功功率。

后台监控系统对站内所有电气运行设备与储能设备进行监测与控制，除常规变电站包含的电气监控系统，还集成了能量管理系统(energy management system，EMS)，接收调度指令，实现 AGC 和 AVC 等功能。

继电保护及安全自动装置包括公用测控装置、10kV 线路保护测控装置、站用变压器保护测控装置、防孤岛保护装置、频率电压紧急控制装置、源网荷互动终端。

2.2.4　通信系统

电化学储能电站的通信系统可划分为站控层、间隔层和储能单元层。站控层设备包括监控主机、历史数据服务器、Ⅰ区数据通信网关机、打印机、网络安全监测装置等。间隔层设备包括间隔层交换机、公用测控装置、10kV 线路保护测控装置、站用变压器保护测控装置、防孤岛保护装置、频率电压紧急控制装置。储能单元层设备包括储能单元层交换机、PCS 二次系统、BMS、就地监控装置。

整站通信采用双网冗余通信布置。站控层采用 IEC 104 规约与上级调度通信。间隔层设备与监控主机之间以双网线连接，采用 IEC 61850 通信协议；PCS 二次系统与监控主机、

BMS 与监控主机之间以双网线连接，采用 IEC 61850 通信协议；PCS 二次系统与 BMS 之间以屏蔽双绞线连接，采用 Modbus 通信协议；PCS 二次系统与就地监控装置之间以双网线连接，采用 IEC 61850 通信协议，BMS 与就地监控之间以网线连接，采用 Modbus 通信协议。交换机之间都以双光缆连接，保证足够的传输容量。

3 储能电池技术

新能源产业发展需求储能电池，发展新能源产业必须大力发展高安全、长寿命、高能量密度的储能电池。针对电网应用的储能电池要求大容量，市场上较多见的是铅酸电池、锂离子电池、液流电池和钠硫电池技术等，本章首先介绍这四种电池，后续着重介绍储能电站中应用较广的磷酸铁锂电池的性能、组成结构等。

3.1 常见的储能电池

3.1.1 铅酸电池

铅酸电池是最古老的可充电电池，由法国物理学家加斯顿·普兰特（Gaston Planté）于 1859 年发明。

铅酸电池普遍由浸入电解质中的正极和负极组成，当电子从正电极迁移至负电极时，电池进行充电。在充电状态下，负极板充满铅元素，正极板由二氧化铅（PbO_2）构成，此时电解质为浓度约 33.5% 的硫酸（H_2SO_4）。当电子从负电极迁移至正电极时，放电过程开始。这时硫酸铅（$PbSO_4$）分子在正极和负极上同时产生，电解质浓度下降。充电时，硫酸铅颗粒会逐渐溶解。但如果电池过放电或保持在放电状态，硫酸盐晶体会逐渐变大，并且在充电期间更难以分解。由于正极上会产生氢气，因此铅酸电池会在过充电期间损失水分，可利用添加蒸馏水的方法缓解此问题。

典型铅酸电池的正极非常薄，限制了其输出功率。一方面，要进行深度放电则需要有更厚的电极板，但这会增加电池的重量。另一方面，高效的储能电池应具有较高的能量密度，且在不同温度、质量以及低电阻时都应有良好的性能表现。因此，为了改善铅酸电极的活性材料并减小质量，各类金属（例如铜）和纤维被大量使用到此领域。铅酸电池虽因其质量而具有较低的比能量值，但对于一些成本敏感的应用而言是个不错的选择。对于这类应用，低能量密度和有限的循环寿命都不是问题，它们对电池的坚固性和耐用性要求更高。在电网领域中，铅酸电池由于其相对成熟的技术及较低的投资成本，早期是大规模电化学储能的主导技术，应用范围从1kW 不间断电源 UPS 到 10MW 输配电系统皆有。

为了提高电池的功率和能量密度，且出于环保考虑，人们尝试用碳等较轻的材料来代替铅。铅碳电池和铅碳技术是碳材料与铅酸技术结合使用的多种变体的总称，指将碳与负极活性物质结合使用或直接替代负极活性物质。铅碳电池是铅酸电池的创新技术，相比铅酸电池有着诸多优势：①充电速度提高 8 倍；②放电功率提高 3 倍；③循环寿命提高 6 倍，循环充电次数达 2000 次；④性价比高，比铅酸电池的售价有所提高，但循环使用的寿命大大增加了；⑤使用安全稳定，可广泛地应用在各种新能源及节能领域。铅碳技术作为能量型电池储能技术，铅碳电池被广泛应用在工业园区削峰填谷以及微电网可再生能源消纳等方面。

3.1.2 锂离子电池

锂离子电池于 1970 年由美国化学家 Michael Whittingham 提出。

这类电池的工作基本原理是，锂离子在充放电过程中以相反的方向在负极板(通常由石墨制成)和正极板(由含锂合金制成)之间迁移。电解质允许离子循环，但不允许电子传导。由于锂与水的高反应性，要求电解质是非质子(不接受或提供氢离子)或非水。

这类电池具有自放电率低，无记忆效应和高能量密度等优点，在全球便携式储能电池应用领域中，锂离子电池占据绝大部分市场份额。小型锂电池的研发推广已十分成熟，但对于大型储能而言，这项技术的应用仍存在一些问题。首先，大部分锂离子电池的价格偏高，鉴于锂资源有限，在电动汽车产业的广泛使用消耗了大量已知资源，从而导致原材料成本上升。其次，锂电池相较其他种类电池可以工作在更高的电流水平之下，但其内部电阻会发热从而导致电池故障，因此需要过电压、欠电压、过热和过电流保护系统以确保电池的正常运行，规模越大则控制系统越复杂。

目前较有前景的 3 种锂电池正极材料包括锰酸锂、三元锂和磷酸铁锂。锰酸锂电池的正极材料可分为尖晶石 $LiMn_2O_4$ 和层状 $LiMnO_2$ 两种，由于层状 $LiMnO_2$ 在充放电循环过程中结构极其不稳定，容易发生相变，因此应用较少。

锰酸锂电池主要指的是尖晶石锰酸锂，它拥有原料来源丰富、生产成本较低、无污染等优势，缺点是循环性能一般，过热时寿命大幅衰减等。三元锂（$LiNi_xCo_yMn_zO_2$）电池是用镍盐、钴盐和锰盐以实际需求调整配比制成复合正极的一种锂电池，常见的比例体系有 333 型、523 型以及 811 型，这种电池的能量密度高，大电流放电能力较强，但其高温保护要求高且有一定污染性。

传统的锂离子电池因种种缺陷往往仅被应用在小型电子设备领域，20 世纪 90 年代发明的磷酸铁锂（$LiFePO_4$）电池在实现更高效供能的同时降低了材料成本，是近年来备受瞩目的一种电池，这同时也为锂离子电池创造了应用在大规模储能领域的可能性。我国电网储能建设也更倾向于使用磷酸铁锂电池，更多相关内容将在 3.3 中详细介绍。

3.1.3　液流电池

这项技术最早可以追溯到 20 世纪 70 年代，钒的氧化还原溶液则是在 20 世纪 80 年代由澳大利亚化学家 Maria Skyllas-Kazacos 开发。一般来说，液流电池的电解质被储存在外部两个单独的容器中。与氢燃料电池类似，液流电池会大量消耗两种不同的电解质，它们之间由质子交换膜分开，但允许选定的离子通过，并通过泵的驱动使其循环流动，由此产生电流。

液流电池的种类多样，全钒液流电池（VRB）是其中最受关注的一种。VRB 的两种电解质在完全放电后是相同的，通过改变钒的价态来传递电子，这使得电解质的消耗和存储更加方便。并且在此过程中电解质不会逐渐发生降解，因此 VRB 的理论寿命可以达到十年以上。此外，锌－溴和锌－空气电池生成电流的原理与一般液流电池相同，它们同样适用于电网能量的储存，在此仅做简单介绍。对于锌－溴电池，锌在充电最初是固体，放电时则发生溶解。锌－空气电池则是利用正电金属（如铝、镁、锌等）与空气中的氧气发生反应以产生电流，氧气起着电极的作用。

传统电池的电解质存储在电池本体之中，其额定功率和能量之间联系紧密。而液流电池的结构特点使其存储容量与额定功率之间相互独立，额定功率由流动的反应物和交换膜的面积决定，存储容量则取决于辅助容器的容积，因此可以根据不同应用需求来分别调整系统的容量和功率。此外，它的响应速度极快，十分适合电网规模的储能。

液流电池技术的主要优点包括：①高功率和储存容量；②更换电解液简单，可实现快速充电；③充放电循环性能好，使用寿命长；④可进行深度充放电而不会对电池造成损坏；⑤可重复循环使用，对环境友好；⑥安全性好，常温常压运行。但从目前来看，全钒液流电池的产业化受其成本的制约较大，设备体积和质量不占优势，且能量密度较低。

3.1.4　钠硫电池

钠硫（NaS）电池最早发明于 20 世纪 60 年代中期，最初是以应用于电动汽车领域为目的进行的开发，但随着对其研究的不断深入发现这类电池十分适用于电力系统中，包括应急电源、均衡负荷、削峰填谷和频率调节等。

钠硫电池由正极上的熔融硫与负极上的熔融钠构成，它们之间由固态电解质 β 氧化铝隔开。钠发生氧化反应形成钠离子，钠离子通过电解质迁移并还原成五硫化钠（Na_2S_5），之后 Na_2S_5 逐渐转化为具有较高硫含量的多硫化物。β 氧化铝族有两种晶体结构，$β''-Al_2O_3$ 传递钠离子的能力比 $β - Al_2O_3$ 更好，这种固态电解质能传导钠离子，但几乎不传导电子，因此自放电会保持较低的速率。在放电过程中，熔融的钠元素正电极会生成电子，这些电子形成流经外部负载的电流。由于电极需保持在熔融状态，钠硫电池的正常工作温度范围在 $300 \sim 350℃$ 之间，因此需要从外部加热以保证良好运行，这会导致循环效率降低。

钠硫电池具有高功率、高能量密度以及高库仑效率，且它的使用寿命长、无自放电、稳定性较好，所需原料来源丰富且成本较低，适合大批量生产。但钠硫电池的高温运行条件使其安全性受到质疑，研发制备高温下抗腐蚀电极材料也是影响钠硫电池进一步发展的关键问题。目前，钠硫电池被多国成功应用于电网储能中，日本等国家已投入商业化示范运行。

3.2　电池的基本性能

3.2.1　充放电性能

充电过程中随着充电容量的增加，电池组电压缓慢升高，当将要达到额定容量时，电压迅速上升；放电过程中，随着放电容量的增加，电池组电压缓慢下降，当电池容量将尽时，电压迅速下降。通常将充放电曲线中较平缓的区域称为"平台区"，这一阶段持续的时间与电压值、环境温度、放电倍率、电池的质量和寿命等因素有关。

电池在以恒流进行连续放电时，工作电压会随着放电逐渐降低，过放电则会导致电池性能衰退，从而影响使用寿命。通常生产电池时会设定一个合理的充放电终止电压，但在实际使用中电池的充放电倍率范围较宽、运行环境多变，电压变化难以预测，因此需要测试电池在不同倍率和不同温度下的充放电性能。

1. 不同倍率充放电性能

放电过程的能量效率是指电池在规定的放电条件下放电至终止条件时在外电路上获得的能量和放电前电池理论储存能量的比值，能量效率通常与放电倍率成反比。而放电容量与能量效率之间成正比，因此电池的放电容量随着放电电流的增大、放电倍率的升高而减小。原因是随着充放电电流的增大，电池内部极化作用增强，活性材料结构发生了一定程度的破坏，使得电池容量发生衰减。

对于有些电池体系，放电电流增加会导致电池放电容量迅速下降，如铅酸电池在不同放电电流下的电压平台变化较大，2C 电流下的放电容量仅有额定容量的 80%。磷酸铁锂电池则在高倍率放电时表现出了较好的放电性能，也可以使用较高的倍率对其进行充电。将磷酸铁锂电池与三元锂电池比较不同倍率下的充放电性能后发现，后者的放电平台和比容量更高，但前者具有更好的快速充电特性。

2. 高低温放电性能

高温环境中的电池通常内部化学反应加快，副反应加剧，可能使其电化学性能降低；低温环境则可能导致电池内部活性物质反应不充分，同样不利于电池的正常放电。磷酸铁锂电池受高温的影响较小，但其在低温下的放电容量、放电持续时间明显小于常温同条件时。三元锂电池则在低温环境中的放电相对稳定，具有更高的放电容量和能量保持率。然而磷酸铁锂电池在高温环境中更安全可靠，且在实际应用中通常是多个组合后使用，整体温度会在工作时发生一定程度的上升，因此对于磷酸铁锂电池组而言，低温放电问题并不严重。

电网应用要求储能电池具有良好的循环放电和深度放电性能，在系统配置对电池容量的设计上，要有重点地综合考虑使用环境辐射条件、适合的备用时间、选用电池的允许放电深度、充放电效率、温度补偿系数等多种因素。

3.2.2 循环寿命

电池在储能系统中起着核心作用，但目前无论是从理论上还是在实际使用中，其寿命问题都是储能应用中的薄弱环节，影响电池循环寿命的几个因素有：

（1）深度放电。放电深度对电池的循环寿命影响很大，如频繁深度放电，循环寿命将缩短。额定容量下电池深度放电意味着经常性的大电流充放电，极板活性物质不能被充分利用，电池的实际容量将随着时间流逝逐渐减小。

（2）放电速率。电池放电时，电化学反应电流优先分布在离主体溶液最近的表面上，导致在电极表面形成产物而堵住多孔电极内部。在大电流放电时，上述问题会更加突出，因此放电终止电压值会随着放电电流的增大而降低。但并非放电速率越低越好，以铅酸电池为例，长期太小的放电速率会因硫酸铅分子生成量的显著增加而产生应力，造成极板弯曲和活性物质脱落，这同样会降低电池的使用寿命。

（3）外界温度。不同类型的电池正常运行温度范围不一致，当环境温度低于范围值时，电池容量通常会减小，因为在低温条件下电解液不能与极板活性物质充分反应。当减少后的容量无法满足预期的后备使用时间，并保持在规定的放电深度内时，易造成电池的过放电。当环境温度过高时，易造成电池过充电，还可能加快极板的腐蚀速度，甚至造成失水、热失控等现象。除了运行温度外，储存温度同样会影响电池的使用寿命，应尽量将其保存在合适的环境温度中。

（4）局部放电。对于会发生自放电的电池而言，其内部在放电或静止状态时产生的局部放电同样会影响其循环寿命。产生局部放电的原因主要是电池内部有杂质存在，这些杂质在极板上构成无数微型电池，无谓地消耗着电池能量。

磷酸铁锂电池的正负极材料化学性质十分稳定，充放电过程中体积和应力的变化小，因此其循环寿命非常长，理论可达 7 ~ 8 年。据测试，磷酸铁锂电池在充放电深度 100% 的条件下，经过 1600 次循环后其剩余容量仍在初始值的 80% 以上。经过相同循环次数的充放电测试后，磷酸铁锂电池的容量保持率高于三元锂电池，说明后者的循环寿命相对较短。总的来说，磷酸铁锂电池的循环寿命普遍超过 2000 次，应用

在储能领域时则要求达到 4000 次，三元锂电池一般为 1000
多次，锰酸锂电池在 500 次以上，而寿命较长的铅酸电池也
只能达到 300 次左右。

3.2.3　安全性能

电池的安全性能往往与其内部温度有着密切联系，热失
控可能引发着火、爆炸等严重安全事故。电池内部的非正常
放热反应主要有以下几类：SEI 膜分解、负极和电解液反应、
负极和黏合剂反应、电解液分解及正极热分解等。在测试电
池的安全性能时，常通过过充电、短路、针刺和高温等有针
对性的极端工况试验来进行评价。

1. 过充电

二次电池在正常使用过程中需要不断地经历充放电的过
程，难免会出现过充过放。在电池热安全性试验中，过充电
试验是很关键的一项。据试验研究，过充电后期的电池内阻
不断上升，电池温升急剧增加，电解液汽化，直到内部气压
升至外部壳体破损，高温气体与空气接触后发生燃烧。磷酸
铁锂晶体中的 P－O 键稳固，难以分解，即使在过充电时也
不会像钴酸锂一样发生结构崩塌发热或是形成强氧化性物质，
过充安全性已有很大改善。

2. 短路

电池发生短路时，电流大、时间短、热冲击强烈，是重
大安全隐患。在以往发生的多次锂离子电池电动汽车着火事
故中，各种试验和分析表明，原因多为锂离子电池短路所致。
电池在使用过程中，可能由于受到外界挤压、碰撞等冲击而

短路,由此产生大量的热,并引发副反应产热,进而引起温度急剧升高导致热失控。

3. 针刺

针刺试验是利用无锈蚀钢针或钨针以一定速度刺穿电池最大表面的中心位置,对电池内部的物理结构进行破坏,并引发内部短路。对于磷酸铁锂电池,刺穿初期由于内部短路会造成电池电压迅速下降,电池温度因热量释出而上升。但被刺穿后其内部的真空度下降,造成短路部分变形而接触不良,不会释放更多热量且电压逐渐趋于稳定,电池最终的温度变化不明显。

4. 高温

电池经过150℃/30min的热冲击试验,观察是否存在产生热失控的安全隐患,要求电池不爆炸、不起火。高温环境下电池的副反应是导致其热失控的主要原因,与负极和电解液的反应相关。磷酸铁锂材料的高温稳定性很好,在很高的温度下也不会分解释放氧,不容易发生燃烧爆炸等危险。然而,高温必然会导致电池内部结构的损坏,因此需要对其进行良好的热管理,避免工况环境温度过高。

3.3 磷酸铁锂电池的组成结构及重要参数

3.3.1 磷酸铁锂电池基本情况

磷酸铁锂电池是以 $LiFePO_4$ 为正极材料的一种锂离子电池,它相较于传统的二次电池而言有众多优势,近年来广泛应用在电动汽车、电动工具和通信基站等领域。此外,该电池还支持无极扩展，在可再生能源消纳、电网调峰调频、分布式电站、UPS 电源等电网大规模储能领域的应用上有良好的前景。

磷酸铁锂的性能特点包括：①高等量密度：理论比容量可达 170mAh/g 左右；②安全环保：是目前最安全的锂电池正极材料，且不含任何对人体有害的元素，无毒无污染；③使用寿命长：大容量电池循环寿命可达 2000 次以上，是铅酸电池的 5 倍，锰酸锂电池的 4.5 倍；④无记忆效应；⑤充放电性能优异：单体电压高，可大电流快速充放电，放电平台稳定且自放电少；⑥热稳定性能好：电热峰值可达 350 ~ 500℃，不会因过充、温度过高、短路、撞击而产生燃烧或爆炸。

磷酸铁锂电池的原料来源丰富、价廉，且对环境友好，整体性能优异。但同时也存在着电子电导率、离子扩散系数和振实密度不高，低温性能较差，合成成本较高等缺点。可以通过碳包覆、添加金属粒子、合成小粒度材料等方式来进行改进。

3.3.2　磷酸铁锂电池的结构

锂离子电池的正极通常由嵌锂的过渡金属氧化物制成，对比目前应用较多的几类锂离子电池正极材料，锰酸锂 $LiMn_2O_4$ 是尖晶石结构，三元锂 NCM 是六方晶系层状岩盐结构，而磷酸铁锂 $LiFePO_4$ 则属于正交晶系橄榄石型结构。当磷酸铁锂正极材料应用在电池领域时，其结构上的优势在于，由于 $LiFePO_4$ 与 $FePO_4$ 结构相似，锂离子脱出/嵌入后，LiFe-

PO_4 的晶体结构几乎不发生重排，充放电过程中没有明显的两相转折点，故而有良好的可逆性。此外，P－O 键在高温时稳定，与有机电解液反应活性很低，85℃下 $LiFePO_4$ 不与电解液反应，安全性与循环可逆性能好，过充时不易燃烧。

锂离子电池的负极一般是各类碳素材料，包括石墨、碳纤维、中间相小球碳素等。其中石墨的层状晶体结构完整，碳层间以弱范德华力结合，有利于锂离子在碳层间的嵌入和脱出，且它的导电性能较好、容量衰减较低，是应用在锂离子电池上的最为普遍的负极材料。磷酸铁锂电池充电完成后，正极 $FePO_4$ 的体积相对 $LiFePO_4$ 仅减少 6.81%，正极收缩弥补了充电过程中负极碳体积的轻微膨胀，可以有效支撑内部结构，这有利于电池形成稳定的循环，延长其使用寿命。

锂离子电池中电解质起到传输 Li^+、传导电流的作用，要求应有较高的离子电导率和良好的稳定性。$LiPF_6$ 因其稳定的性能、高电导率和低污染等特点成为目前应用最为广泛的锂电池电解质。

磷酸铁锂电池的结构如图 3－1 所示。左边是橄榄石结构的 $LiFePO_4$ 作为电池正极，用铝箔与正极进行连接；中间是聚合物隔膜，它将正负极隔开，允许锂离子通过但不允许电子传输；右边负极由碳(石墨)组成，用铜箔与负极进行连接。

磷酸铁锂电池的化学反应方程式如下：

正极：$LiFePO_4 \Longrightarrow Li_{1-x}FePO_4 + xLi^+ + xe^-$

负极：$xLi^+ + xe^- + 6C \Longrightarrow Li_xC_6$

总反应式：$LiFePO_4 + 6C \Longrightarrow Li_{1-x}FePO_4 + Li_xC_6$

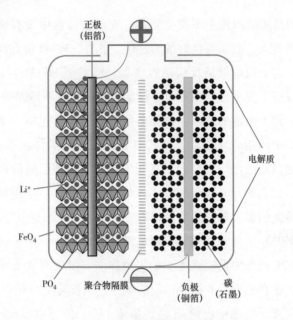

图 3-1 磷酸铁锂电池结构图

所有锂离子电池的充放电过程，都是通过锂离子不断在正/负极板之间往返嵌入/脱离来实现。充电时，正极材料中的 Li^+ 迁移到晶体表面，在电场力的作用下进入电解质，然后穿过聚合物隔膜进入负极，嵌入石墨晶格。此时电子经导电体流向正极的铝箔集电极，经正极极耳、电池正极柱、外电路、负极极柱、负极极耳流向铜箔集流体，再经导电体流入石墨负极，使负极电荷平衡。放电时，锂离子进行反向迁移，电子由负极铜箔集电极流向正极铝箔集流体，使正极电荷也达到平衡。

3.3.3 磷酸铁锂电池的参数

某磷酸铁锂电池的主要电性能参数列于表 3-1 中。

表 3 - 1　　　某磷酸铁锂电池主要电性能参数

序号	项目	规格
1	电池种类	能量型磷酸铁锂电池
2	电池型号	ZTT27173200
3	标称容量	86Ah
4	标称电压	3.2V
5	交流内阻	≤0.6mΩ
6	外形尺寸(厚×宽×高)	27mm×173mm×200mm
7	质量	1980g±100g
8	最大工作温度范围	充电 -10 ~ +45℃；放电 -20 ~ +55℃
9	最佳工作温度范围	充电 +15 ~ +35℃；放电 +15 ~ +35℃
10	储藏温度	1 个月内 -40 ~ +45℃； 6 个月内 -20 ~ +35℃
11	充电倍率(20~80SOC)	$2C$ 持续(+15 ~ +45℃)
12	放电倍率(20~80SOC)	$2C$ 持续(+15 ~ +45℃)
13	充电终止电压	3.65V
14	放电终止电压	2.5V

注　C 表示电流倍率。

电池容量是指满电状态下的电池在指定的条件下进行放电，至放电终止电压时输出的电量，常用单位是安时(Ah)，根据运行条件不同又可细分为实际容量、标称容量和额定容量。其中标称容量(额定容量)是按照国家或有关部门颁布的标准，在电池设计时要求电池在一定的放电条件下(如 25℃环境下以 10h 率电流放电至终止电压)，应释放的最低限度的电量值。

电池电压有标称电压、工作电压和终止电压之分。标称电压是指电池以指定标准条件下充放电全过程的平均电压；工作电压是指在正常工作时电池实际端电压；终止电压是指电池充放电不宜继续应结束时（非损伤放电）的最低工作电压，分为充电终止电压和放电终止电压。

电池能量是指其在一定标准所规定的放电条件下输出的电能，在数值上表示为工作电压与电流的乘积在时间上的积分。将能量反映在单位质量或者单位体积上又可分为质量能量密度和体积能量密度，也可称为比能量，单位分别是 Wh/kg 和 Wh/L。

充放电率，分为时率和倍率，是指在一定时间内充/放完电池全部额定容量需用的电流值的大小。以某种电流强度充放电的数值为额定容量数值的倍数称为倍率，表 3 - 1 中皆用倍率来表示充放电率。

电池的放电形式包含恒流、变流及脉冲三种，瞬时大电流脉冲放电会造成电池容量衰降。

电池的循环使用寿命指电池以充放电一次为一个循环过程，在一定测试标准下，当电池容量下降到某一规定值以前，电池所经历的充放电循环总次数。我国规定以电池容量衰减至额定容量的 80% 作为其寿命终结的标志，实际应用中也常用使用年限和 SOH 来反映电池寿命。

不同厂家生产的不同型号电池各项性能参数可能不同，电池内阻、自放电率、充放电温度等未在表中列出。

除上述介绍的电性能参数之外，比表面积和振实密度是锂离子电池实际生产应用中较为重要的非电量参数。比表面积是指单位体积或单位质量颗粒的总表面积，单位是 m^2/g。常用锂离子电池正极材料的比表面积一般在 $0.2 \sim 0.8 m^2/g$ 范围内，而磷酸铁锂的比表面积却远大于其他。实际加工生产中，磷酸铁锂材料的比表面积通常与碳的含量呈线性关系，太小说明碳包覆量不足，可能导致电池的电化学性能较差，太大则意味着碳包覆量过高或是纳米级粒度，这样的材料活性高但加工相对困难。

振实密度是指在规定条件下容器中的粉末经振实后所测得的单位容积的质量，单位是 g/cm^3。振实密度是电池实际应用中的一项重要指标，直接决定着材料在电池中占用的体积。此外，此参数还会影响极片的压实密度，从而一定程度上影响电池的能量密度。有数据显示，钴酸锂的理论密度为 $5.1g/cm^3$，商品钴酸锂的振实密度一般为 $2.0 \sim 2.4g/cm^3$；而磷酸铁锂的理论密度仅为 $3.6g/cm^3$，市面上经碳改性的磷酸铁锂的振实密度甚至只有 $1.0 \sim 1.4g/cm^3$，比钴酸锂低很多，相较其他锂离子电池也不占优势。因此，磷酸铁锂电池更适于应用在对体积不敏感的大规模储能电池中，但提高振实密度对其技术的发展仍有重要意义，这要求在对 $LiFePO_4$ 进行改性时应在电导率与振实密度之间寻找合适的平衡点。

3.3.4 磷酸铁锂电池成组方案

如图 3-2 所示，电池系统采用电池模块(PACK)、电池簇、电池堆的三层分布式结构，若干个单体电芯串并联组成电池模块，若干个电池模块串联组成电池簇，若干个电池簇并联组成电池堆，一般一个电池舱含两个电池堆。

单体电芯　　　　　　　电池模块　　　　　　　　电池簇

图 3-2　电池成组示意图

电池模块是电池系统的最小集成模块，由一定数量的电池单体通过串并联的方式构成。表 3-2 给出了电池模块的常规参数。

表 3-2　　　　　　　　　电池模块参数

规格	单位	参数
组成		12S4P
尺寸（厚×宽×高）	mm×mm×mm	580×660×240
重量	kg	120
标称容量	Ah	344
标称能量	kWh	13.2
标称电压	V	38.4
运行电压范围	V	33.6~42.6
持续放电功率	kW	6.6
充电方式	恒压	限压 42.6V 或单体大于等于 3.65V 切断

电池簇由一定数量的电池包串联构成，其拓扑结构如图 3-3 所示。表 3-3 给出了电池簇的规格参数。

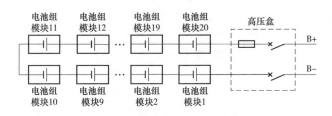

图 3-3　电池簇的拓扑结果

表 3-3　　　　　　　　电池簇参数

机架及组合	单位	参数
组成		240S4P
主要部分	EA	20 个电池模组放置在 3 个电池架上
尺寸（厚×宽×高）	mm×mm×mm	2010×655×2200
重量	kg/簇	2500
额定容量	Ah	344
额定能量	kWh	264. 192
额定电压（直流）	V	768
运行电压（直流）	V	720～840
持续放电功率	kW	132（0. 5C 倍率）
标准充电方式	恒压	限压 840V 或单体大于等于 3. 65V 切断

电池堆由一定数量的电池簇并联构成，其典型拓扑结构如图3-4所示。

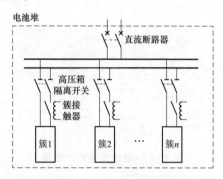

图3-4　电池堆拓扑结构

假定电芯单体为3.2V/86Ah的磷酸铁锂电池，采用12S4P的标准电池模块进行配置，电池模块规格为38.4V/344Ah（3.2V×12＝38.4V，86Ah×4＝344Ah），模块电压范围为33.6～42.6V。若系统所需容量为2MWh，则系统需配置模块数量为2000kWh/38.4V/344Ah＝151.4，则该系统需配置标准模块大于等于152组。同时，直流侧工作电压范围要求为600～850V，单簇电池组配置的电压应在直流电压范围内且总容量需大于等于2MWh，所以需要由8簇组成，每簇由20个电池模块组成，整个系统的容量为2.113MWh。最终，系统的额定电压为768V，系统的工作电压范围为720～840V，系统容量为2.113MWh。

3.4　电池的运行要求

3.4.1　电池的储运

电池应储存在低温、干燥、通风、清洁的环境中，避免热源、火源、阳光直射和雨淋。

电池需充足电存放,并且在常温下每 3 ~ 6 个月进行一次补充电。

电池放电后应立即充电,不可将放电后的电池长期搁置。长期不用的电池搁置一段时间后要进行补充充电,直至容量恢复到存储前的水平,补充充电间隔为 3 ~ 6 个月。

当电池容量低于额定容量的 40% 时,应均衡充电使其容量恢复。

运输和搬运电池时,要小心轻放,避免电池破损。搬运时不得触动端子极柱和排气阀等构件,严禁投掷和翻滚,避免机械冲击和重压。

3.4.2 电池的安装使用

安装电池前应先检查其外观有无破裂或漏液,检查接线端子极柱是否有弯曲和损坏,弯曲或损坏的端子极柱会造成安装困难或无法安装,并有可能使端子密封失效,产生爬液、渗液的现象,严重时还会产生高的接触电阻,甚至有熔断的危险。

用铜刷轻轻处理电池端子,使端子的接线部位露出金属光泽,并用软布擦拭电池表面的铅屑和灰尘。

连接电池过程中,应戴好防护手套,使用扳手等金属工具时,应将金属工具进行绝缘包装,以防触电;避免金属工具同时接触到电池的正、负极端子,造成电池短路。

电池在多只并联使用时,按电池标识正、负极性依次排列,且连接点要拧紧,以防产生火花和接触不良。

电池柜或架要放在预先设计的位置，电池柜/架与其他设备之间要留有 50 ~ 70cm 的维修距离，并注意地板的承重能力是否满足要求。

电池间的安装距离通常为 10 ~ 15mm，以便对流冷却。

电池应远离热源和容易产生火花的地方（如变压器、电源开关等），安全距离在 0.5m 以上，不能在电池系统附近吸烟或使用明火。

将电池（组）和外部设备进行连接之前，设备需处于关断状态，并再次检查电池的连接极性是否正确，然后再将电池（组）的正极连接设备的正极端，电池（组）的负极连接设备的负极端，并紧固好连接线。

不要单独增加电池组中某几个单体电池的负荷，这将造成单体电池间容量的不平衡。

电池间连接电缆应尽可能短，不能仅考虑输出容量来选择电缆的大小规格，选择电缆时还应考虑不能产生过大的电压降。

不同容量、不同厂家或不同新旧程度的电池严禁连接在一起使用。

不可自行拆开或重新装配电池，也不能拆卸电池构件或向电池中加入任何物质。

系统应装备有完善的火灾预警和处理机制，如遇火灾应使用针对该电池的专用灭火器具。

3.4.3 电池的巡视及维护

电池的巡视与维护工作必不可少，无论是人工巡视维护，还是自动监控管理，都是为了及时检测出个别电池的异常故障或影响电池充放电性能的设备系统故障，积极采取纠正措施，确保电源系统稳定可靠地运行。

电池的巡视分为例行巡视、全面巡视、熄灯巡视和特殊巡视。

1. 例行巡视检查项目及要求

（1）值班人员进入储能电池舱（室）前，应事先进行通风。

（2）电池舱（室）温度、湿度应在储能电池运行范围内，照明设备完好，舱（室）无异味。

（3）暖气、空调、通风等温度调节设备运行正常。

（4）设备运行编号标识、相序标识清晰可识别，出厂铭牌齐全、清晰可识别。

（5）无异常烟雾、振动和声响。

（6）储能电池系统主回路、二次回路各连接处应连接可靠，不存在锈蚀、积灰等现象。

（7）储能电池无短路，接地、熔断器正常。

（8）电池管理系统参数显示正常，电池电压、温度在合格范围内，无告警信号，装置指示灯显示正常。

（9）检查急停按钮位置是否正确，且不易引起误碰。

（10）检查汇流柜表计指示正常。

（11）电池舱（室）外观、结构完好。

（12）电池舱（室）防小动物措施完好。

（13）视频监视系统正常显示，摄像机的灯光正常，旋转到位。信号线和电源引线安装牢固，无松动。

2. 全面巡视检查项目及要求

储能电池的全面巡视应在例行巡视基础上增加以下内容：

（1）电池模组外观完好无破损、膨胀，不存在变形、漏液等现象。

（2）电池模组壳体、电池架、极柱和连接导体等是否热损坏或熔融。

（3）检查汇流柜内设备各连接处可靠，不存在锈蚀、积灰等现象，无短路、接地。

（4）汇流柜及高压箱开关位置、工作状态指示灯正常。

（5）如红外热像仪检测有发热现象，应详细观察，是否存在异常。

（6）检查 UPS 电源功能正常，无报警及故障信号。

（7）检查电池架、汇流柜的接地应完好，接地扁铁无锈蚀松动现象。

3. 熄灯巡视检查项目及要求

每月进行一次熄灯巡视，检查储能电池、汇流柜有无发红发热现象。

4. 特殊巡视检查项目及要求

（1）极端天气巡视项目和要求：

1）检查电池运行环境温度、湿度是否正常。

2）检查电池导线有无发热等现象。

3）严寒天气检查导线有无过紧、接头无开裂等现象。

4）高温天气增加红外测温频次，检查电池舱（室）内部凝露。

5）雷雨季节前后检查接地是否正常。

（2）事故后巡视项目和要求：

1）重点检查能量管理系统动作与告警情况。

2）检查事故范围内的设备情况。

（3）高温大负荷期间巡视项目和要求：

高峰负载时，增加巡视次数，重点检查电池无发热。

（4）新设备投入运行后巡视项目和要求：

1）新设备投运后进行特巡。

2）新设备或大修后投入运行重点检查有无异声。

（5）熄灯巡视检查项目及要求：

1）新建、改扩建或 A、B 类检修后应在投运带负荷后不超过 1 个月内（但至少在 24h 以后）进行一次红外测温。

2）检修前必须进行一次红外测温。

（6）其他应加强特巡项目和要求：

1）保电期间适当增加巡视次数。

2）带有缺陷的设备，应着重检查异常现象和缺陷是否有所发展。

5. 运行注意事项

（1）储能电池运行前应有完整的铭牌、明显的正负极标志、规范的运行编号和调度名称。

（2）储能电池放置的支架应无变形，金属支架、底座应可靠接地，连接良好，接地电阻合格。

（3）储能电池的主回路应电气连接正确、牢固，散热/辅热装置运行正常。

（4）储能电池应配备完备的保护功能。储能电池充放电运行前，应确定相应的保护投入。

（5）储能电池应定期(不超过3个月)进行电池容量SOC标定。

储能电站储能设备维护包括电池、电池管理系统、功率变换系统的除尘、紧固、润滑及软件备份等。储能电池的维护要求及周期见表3-4。

表3-4 储能电池维护要求及周期

序号	要求	建议维护周期
1	对电池和电池柜进行全面清扫	周期不大于12个月
2	检查并紧固储能系统各部位连接螺栓	周期不大于12个月
3	检查电池柜或集装箱内烟雾、温度探测器工作是否正常	周期不大于6个月
4	定期对锂离子电池进行均衡维护	周期不大于12个月
5	定期对低电量存放的电池进行充放电	周期不大于6个月
6	定期检查液流电池电解液循环系统、热管理系统、电堆的外表有无腐蚀或漏点	周期不大于6个月
7	定期检查液流电池系统氮气瓶压力，并及时补充氮气	周期不大于3个月
8	定期维护检查电池组承载结构，包括框架外观、焊接点、金属材料等	周期不大于6个月

4 电池管理系统技术

　　储能用电池在使用中性能发挥的如何，除与电池模块自身性能有关外，还与其应用的电池管理系统的功能有着密切的关系，电池管理系统对防止电池过充、放电，提高电池利用率，维护电池，延长电池寿命等意义重大。储能电站电池管理系统是储能电池系统的大脑，主要用于对储能电池进行实时监控、故障诊断、SOC 估算、短路保护、漏电检测、显示报警，保障电池系统安全可靠运行，是整个储能系统的重要组成部分。BMS 能够实时监控、采集电池模组的状态参数，并对相关状态参数进行必要的计算、处理，得到更多的系统参数，并根据特定控制策略实现对电池系统的有效控制。同时 BMS 可以通过自身的通信接口、模拟/数字输入输出接口与外部其他设备(变流器、能量管理系统、消防等)进行信息交互，形成整个储能系统的联动，利用所有的系统组件通过可靠的物理及逻辑连接高效、可靠地完成整个储能系统的监控。

4.1　电池管理系统架构

　　储能电池管理系统作为电池系统的核心组成部分，是电池组与外部设备的桥梁，决定着电池的利用率，其性能对储能系统使用成本和安全性能至关重要。储能电池管理系统的拓扑配置应与 PCS 的拓扑、电池的成组方式相匹配与协调，并对电池运行状态进行优化控制及全面管理。

电池管理系统由电池管理单元(battery management unit, BMU)、电池簇管理单元(battery cluster management unit, BCU)、电池阵列管理单元(battery array management unit, BAU) 三部分组成。BMU 负责电池单体及电池模组管理，集各单体电池电压、温度等信息采集、均衡、信息上送、热管理等功能一体。BCU 负责管理一个电池簇中的全部 BMU，同时具备电池簇的电流采集、总电压采集、绝缘电阻检测、SOC 估算等功能，并在电池组状态发生异常时驱动断开高压直流接触器，使电池簇退出运行，保障电池使用安全。BAU 对 BMU、BCU 上传的数据进行数值计算、性能分析、数据存储，并与 PCS、监控后台进行信息交互，BAU 配有显示屏，实现电池信息、参数配置、故障报警显示等功能，监控后台根据 BAU 上传的各种信息进而控制逆变器对电池组进行有效地充放电，达到调峰调频、削峰填谷、动力输出等作用。BMS 原理框图如图 4 - 1 所示。

4.2　电池管理系统功能

BMS 各功能具体实现层级由 BMS 的拓扑配置情况决定，通常经分层就地实现。BMS 的主要功能包括：

（1）BMS 应能实时测量电池的电和热相关的数据，包括单体电池电压、电池模块温度、电池模块电压、串联回路电

流、绝缘电阻等参数，电流、电压、温度测量误差满足技术
规范要求。

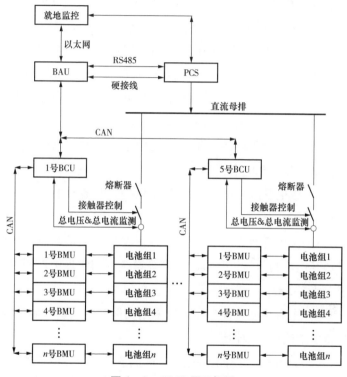

图 4-1 BMS 原理框图

（2）BMS 应能够估算电池的荷电状态，充电、放电电能
量值，最大充电电流，最大放电电流等状态参数，各状态参
数估算精度应符合技术规范要求，且具有掉电保持功能，具
备上传监控系统的功能。

（3）BMS 应具备内部信息收集和交互功能，能将电池单
体和电池整体信息上传监控系统和 PCS。

（4）BMS 应能够监测电池的运行状态，诊断电池或 BMS 本体的异常运行状态，上送相关告警信号至监控系统和 PCS。

（5）BMS 应具备电池的过电压保护、欠电压保护、过电流保护、短路保护、过温保护、漏电保护等电气保护功能，并能发出告警信号或跳闸指令，实施就地故障隔离。

（6）BMS 应能对充放电进行有效管理，确保充放电过程中不发生电池过充电、过放电，以防止发生充放电电流和温度超过允许值，并应满足下列要求：

1）充电管理功能：在充电过程中，电池充电电压应控制在最高允许充电电压内。

2）放电管理功能：在放电过程中，电池放电电压应控制在最低允许充电电压内。

3）温度管理功能：应能向热管理系统提供电池温度信息及其他控制信号，并协助热管理系统控制实现电池间平均温差小于 5℃。

4）电量均衡管理功能：应采用高能效的均衡控制策略，保证电池间的一致性满足要求。

（7）BMS 应具有电池充、放电的累计充、放电量的统计功能，并具有掉电保持功能。

（8）BMS 与 PCS 之间应有通信接口，宜有备用接口作为冗余，同时宜具备一个硬接点接口。

（9）BMS 与监控系统之间应有以太网通信接口，宜有备用接口作为冗余。

（10）BMS 应具备对时功能，能接受 IRIG-B 对时或者 NTP 网络对时。

（11）BMS 应具备良好的可靠性和可用率，平均故障间隔时间满足技术规范要求。

（12）BMS 应具有运行参数修改、电池管理单元告警信息、保护动作、充电和放电开始/结束时间等记录功能和信息存储功能。

（13）BMS 宜具有故障录波功能，能够对故障前后的状态量有效记录。

（14）BMS 应能显示确保系统安全可靠运行所必需的信息，如相关定值、模拟量测量值、时间记录和告警记录等。

（15）采用多重冗余保护措施，充分考虑储能系统中可能严酷的电磁环境以及高温、震动等环境，具有高可靠性、高稳定性和高抗干扰性能。

（16）灵活多变的配置方案，可满足大型储能电站及工商业储能需求。针对大型储能电站，可采用三级架构方式，针对工商业储能，可采用两级架构 + 触摸屏方式。

4.2.1 BMU

BMU 是作为储能电池管理系统的底层单元，对电池组安全使用和延长寿命具有决定性作用。BMU 能实现对所管辖的电池的电压、均衡电流、温度进行实时监测并上报，保证电池簇的健康、安全、稳定运行。BMU 负责电池组管理，具备组内各单体电池电压、温度等信息采集、组内电池均衡、信息上送、热管理等功能。当监测到故障时，BMU 可对单体电压过高、单体电压过低、单体电压差压、温度过高、温度过低、温度差值过大、充电电流、放电电流等异常现象报警，且报警层级均开放设置。

4.2.2 BCU

主控单元是储能电池管理系统的中间部件，一方面汇集全部 BMU 上传的各单体电池电压、温度、均衡状态等信息，另一方面采集整个电池簇的充放电电流、端电压、绝缘电阻等信息，完成 SOC、SOH 估算，并综合 BMU 信息上传到 BAU，在此基础上实现对电池组的充放电管理、热管理、单体均衡管理和故障报警。BCU 应用示意图如图 4 - 2 所示。

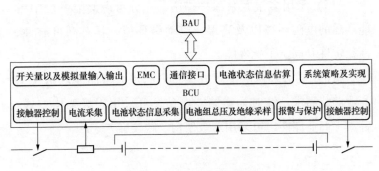

图 4 - 2　BCU 应用示意图

BCU 的主要功能包括：①电池簇端电压采集；②电池簇充放电流检测；③绝缘电阻检测；④电池簇充放电管理；⑤系统充放电过程中监视单体的温度，存在单体温度过高、单体温度过低、单体温差过大的报警，当出现二级报警时主动上报报警信息，当出现一级报警时系统自动切断接触器；⑥SOC 与 SOH 实时动态估算；⑦电池簇故障诊断报警；⑧各种异常及故障情况的安全保护；⑨强大的系统自检功能，保证系统自身的正常工作。

4.2.3 BAU

BAU 是储能电池管理系统的顶层控制单元，作为核心部件，BAU 接收整个电池阵列的全部电池状态信息并上送到监控后台。BAU 连接 BCU，与 PCS 和 EMS 通信，根据系统的控制指令，完成与 PCS 的通信，实现各个电池簇的充放电流程。BAU 具备时钟及数据存储功能，根据需求存储关键的电池信息数据及故障信息，同时配备触摸屏，一方面本地显示详细的电池数据，另一方面能够本地实现充放电接触器控制、程序升级等功能。

BAU 是电池管理系统的总成控制模块，其主要功能包括：①电池组充放电管理；②BMS 系统自检与故障诊断报警；③电池组故障诊断报警；④各种异常及故障情况的安全保护；⑤与 PCS、EMS 等的其他设备进行通信；⑥数据存储、传输与处理，系统最近的报警信息、复位信息、采样异常信息的存储，可以根据需要导出存储的信息；⑦大数据存储与处理，系统的所有采集信息、报警信息、复位信息以及各种异常信息的存储（存储容量大小也是选配）强大的系统自检功能，保证系统自身的正常工作；⑧无线数据传输功能。

4.3 电池管理系统工作原理

电池管理系统控制层以 BAU 为单位，一个 BAU 控制若干个电池簇并联（BCU），每个 BCU 通过 BMU 获取电池电压、温度等信息。BMU 负责采集电池电压及温度信息、均衡控制等。BCU 负责管理电池组中的全部 BMU，通过 CAN 总线，获取所有 BMU 的单体电压与温度信息。同时具备电池簇的电流采集、总电压采集、漏电检测，并进行报警判断，在电池组状态发生异常时断开高压功率接触器，使电池簇退出运行，保障电池安全使用。BAU 负责管理所有电池簇，若电池簇发生了严重故障，BAU 主动控制 BCU 切断继电器。

系统主要有自动运行模式、维护模式两种。自动运行模式下，BAU 根据下属 BCU 电池簇状态，进行自动控制吸合与断开。

1. 自动运行模式控制策略

（1）上电 BCU 数量检测。BAU 上电检测 BCU 就位数量，当全部 N 组 BCU 都就位，BAU 允许满功率充放电；当 BCU 就位数少于 N 组就位时，BAU 根据具体就位数进行限功率运行（BMS 给 PCS/EMS 发最大充放电电流）。少于最少支持组数（上位机可设置）时，BAU 不就位，不能进行充放电。

（2）上电总压差检测。当 BAU 检测就位通过后，进行总压压差判断。当电池组最大总压与最小总压之间压差小于"电池组允许吸合最大总压差"，BMS 判断，所有就位电池组压差较小，符合继电器吸合条件，则闭合所有 BCU 主负继电器，进入预充均衡流程。

当 BAU 检测当前就位总压差超过允许值，此时，BAU 报总压差大故障，需人工干预，关闭故障组电池组，或启用维护模式，人工对电池组进行均衡。

（3）上电预充控制。在继电器每次闭合之前，都必须对与电池簇相连的高压系统中的电容进行预充电，在判定预充电过程完成后，才能闭合继电器，否则，继电器易因过电流产热而发生触点粘连损坏现象。预充电示意图如图 4-3 所示。

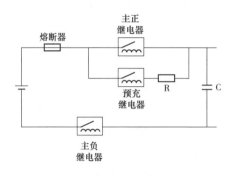

图 4-3 预充电示意图

BAU 在进行预充控制时，先控制所有 BCU，闭合预充继电器。当 BCU 检测到预充电流、预充前后电压差小于一定值，预充时间大于一定值，则 BCU 报预充完成，此时 BAU 检测所有预充完成后，控制吸合主正继电器，断开预充电路，进入正常并网运行状态。

（4）均衡控制。系统运行时，均衡控制根据电池电压进行电池间的均衡充电，能够提高成组电池一致性，缓解电池"短板效应"引起的电池系统性能劣化问题。

（5）充放电管理。系统运行时，实时监测每个单体电压以及电池包温度。根据电池系统状态评估充电上限电压值、放电下限电压值、可充电最大电流、可放电最大电流，通过报文发给 PCS。PCS 进行充放电操作，控制充放电电流不能超过 BMS 请求最大值。

在充电模式：当单体电压充到"充电降流单体电压"，

BMS 根据当前 PCS 充电电流，进行降流请求。当多次达到"充电降流单体电压"后，电流会达到"最小限制充电电流"，BMS 不再控制降流，维持 PCS 充电，直至充电达到"充电停止单体电压"，BMS 将充满标志置位，充电限制电流限制为 0。PCS 停止进行充电。只有当"充电一级报警消失"，BMS 才允许进行再次充电。

在放电模式：当单体电压放到"放电降流单体电压"，BMS 根据当前 PCS 放电电流，进行降流请求。当多次达到"放电降流单体电压"后，电流会达到"最小限制放电电流"，BMS 不再控制降流，维持 PCS 放电，直至放电达到"放电停止单体电压"，BMS 将放空标志置位，放电限制电流限制为 0。PCS 停止进行放电。只有当"放电一级报警消失"，BMS 才允许进行再次放电。

当电池系统出现三级严重故障时，BMS 延时强制切断继电器，对电池进行保护；当单体电压低于或高于极限电压时，BMS 强制切断继电器，对电池进行保护。

2. 维护模式控制策略

当电池簇出现单体压差大，总压大或发生三级报警需要维护时，可通过 BAU 上位机，人工控制故障簇电池组进行单独充放电，人工小电流进行充放电维护，当电池组平台基本一致时，可停止维护模式，重新给 BMS 上低压电后，BMS 自动识别进入自动控制模式。

4.4　电池管理系统均衡策略

电池的容量、内阻和电压等参数不可能完全一致，电池单体间微小的内部性能差异会随着充放电运行而不断累积，并明显地体现为电池系统一致性变差、电池系统充放电性能劣化、电池系统可用容量大幅衰减等缺陷。常用的解决方案是采用均衡控制策略，策略根据能量处理方式可分为能耗型和非能耗型，也称为被动均衡和主动均衡。被动均衡是电阻耗能式，在每一个单体电池并联一个电阻分流，耗能均衡就是将容量多的电池中多余的能量消耗掉，实现整组电池电压的均衡。这种均衡电路设计方法简单、体积较小、易于控制，是目前市场上比较常用的一种能量均衡方法，其缺点在于使电池组的能量产生了不必要的浪费，且在单体电池数量较多时容易造成电池组工作温度过高，严重时可能会产生燃烧的危险，影响电池组的工作性能。主动均衡为能量转移式，将单体能量高的转移到单体能量低的，或用整组能量补充到单体最低电池，在实施过程中需要一个储能环节，使得能量通过这个环节重新进行分配。与被动均衡方式相比，这种设计不仅改善了电池组的工作性能、使用寿命和安全性，还避免了电池组储存能量的浪费，是目前电池组能量均衡控制研究发展的主流方向。

4.4.1　被动均衡

　　典型的被动均衡最常用的方法就是在电池组每节单体电池的两侧并联一个电阻，以单体电池电压的高低作为均衡系统是否开启的判断依据，通过给电压最高或电压达到充电电压上限阈值的单体电池进行分流散热，为其他电池争取更多充电时间，实现最终的电池组能量均衡。假设某单体电池的电压最高或者达到充电电压上限阈值时，此时相应的开关就会闭合，均衡系统开启，该单体电池并联的电阻就会分掉部分充电电流，把多余的能量以热量的形式消耗掉。

被动均衡按照均衡过程是否可控分为固定分流电阻均衡和开关分流电阻均衡两类，如图4-4所示。固定分流电阻均衡拓扑结构每只单体电池都始终并联一个分流电阻，考虑电池的自放电及功耗，分流电阻取值一般为电池内阻的数十倍。该电路的优点是可靠性高，缺点在于无论电池处于充电还是放电过程，分流电阻始终消耗功率，因此一般在能量充足、可靠性要求高的场合适用。而开关分流电阻均衡的分流电阻通过开关控制，在充电过程中，当单体电池电压达到终止电压时开始平衡，有最大单体电流充电电压和电池组平均电压两种控制策略。该均衡电路在充电期间，可对充电时电压偏高者进行分流，缺点是由于均衡时间的限制，导致分流时产生大量热需要管理。

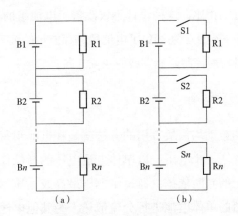

图4-4 被动均衡电路

(a) 固定分流电阻均衡电路；(b) 开关分流电阻均衡电路

4.4.2　主动均衡

主动均衡电路凭借其可再次利用电池多余电量的优势成为目前均衡电路的主要研究方向,其电路结构多种多样,按照能量的转移方式可分为电容式、电感式、变压器式、DC/DC 变换器式等。

1. 电容式均衡电路

典型的电容式均衡电路原理如图 4 - 5 所示,图中 B1, B2,…,Bn 表示单体电池,C1,C2,…,Cn - 1 表示均衡电容。该均衡电路的工作原理是开关向上切换时,电池对能量载体电容进行充电,当开关向下切换时,电容进行放电。通过电路中开关的来回切换,可以使相邻的两个单体电池之间的能量达到一致,并且除了开关切换损耗的极小部分能量之外,其他方面几乎没有能量的损耗。通过此能量传递方式,最后实现整个电池组单体电池间能量的平衡。这种均衡方法的缺点在于需要逐级传递能量,整个均衡过程时间太长,所以仅适用于单体电池数量较少的电池组中。

2. 电感式均衡电路

电感式均衡电路以电感作为电池均衡时的中间媒介,暂时存储能量,实现电池间电量的转移与平衡。电感式均衡电路通常由储能电感、开关管以及续流二极管构成。图 4 - 6 所示为电感式均衡电路,其均衡原理:假设电池 B1 与电池 B2 电量不一致,且 B1 的电量高于 B2,对两单体电池进行均衡,开关管 S1 导通,B1 与电感 L1 构成闭合回路;当 S1 关断时,由于电感的作用,电流大小方向不能突变,此时电流经续流二极管 VD2 对电池 B2 进行充电，当开关管以一定的频率开断时便可实现电池均衡。电感式均衡电路均衡电流大小可控，电路拓扑及控制简单，但是也存在与开关电容均衡电路相同的问题，仅能够实现相邻电池间的均衡，对于距离较远的电池间无法直接进行均衡。此外，为了解决电感体积与单次存储能量间的平衡，通常开关频率较高，而开关管在导通关断时均有较大的电流流过，导致开关管损耗问题也比较严重。当然，这种问题在大量使用开关管的均衡电路中普遍存在。

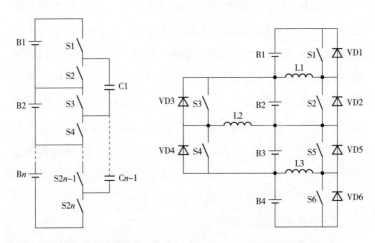

图 4-5   电容式均衡电路   图 4-6   电感式均衡电路

3. 变压器式均衡电路

变压器式均衡电路以变压器作为电池均衡时的中间过渡环节，实现电池间电量的转移与平衡。主要由变压器、二极管以及少量的开关管构成，按照所用变压器的种类分为同轴多绕组变压器和单绕组变压器均衡电路：同轴多绕组变压器仅有一个一次绕组，每一个电池分别配有一个二次绕组，并且变比相同；单绕组变压器则是每节电池对应一台变压器，如图4-7所示。两种均衡电路工作原理相似，以同轴多绕组变压器均衡电路为例介绍其工作原理：开关管S导通，串联电池组向变压器一次绕组提供能量，通过变压器将能量传递至二次绕组，为各单体电池提供等压充电，电池电压的高低决定了充电电流的大小，电池电压越高充电电流越小，因此低压电池可获得更多的能量，最终保证电池组完成均衡。变压器式与电感、电容式拓扑相比，开关管的数量以及开关频率显著降低，且可同时对所有电池进行充电均衡，不再受限于电池间的位置距离，均衡速度快，控制简单。但是结构相对来说较为复杂，基于变压器以及开关矩阵的设计无疑会使成本增加明显。此外，虽然开关损耗很低，但是大量使用变压器导致的磁化损耗也是不可忽视的问题。

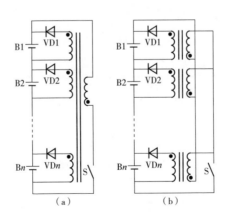

图 4-7　变压器式均衡电路

（a）同轴多绕组变压器均衡电路；（b）多个单绕组变压器均衡电路

4. DC/DC 变换器式均衡电路

DC/DC 变换器式均衡电路是指利用 DC/DC 变换电路,常见的如各式直流变换器,实现串联蓄电池组中能量的转移和均衡,其中典型的均衡策略包括基于 Buck - Boost 变换器、Cuk 变换器等,其电路拓扑如图 4-8、图 4-9 所示。

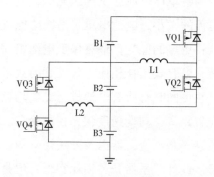

图 4-8　Buck - Boost 变换器式均衡电路

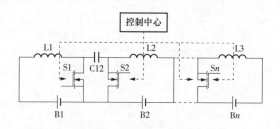

图 4-9　Cuk 变换器式均衡电路

Buck-Boost 变换器是升压型 DC/DC 变换器结构,每两个单体之间形成一个变换器,通过电容或者电感等储能元件转移单体能量,实现能量在相邻单体间单向或者双向流动。事实上，多电感均衡结构就是 Buck-Boost 变换器结构组成的升压型均衡电路。此方案的基本思路，就是将高电压单体中的电能取出再进行合理的分配，从而实现均衡。其电路结构相对简单，应用的器件数目也较少，是一种比较不错的均衡方案。需要注意的是，当多个单体同时放电再分配时，会出现支路电流叠加的情况，须仔细设计相关参数以保证系统稳定。

Cuk 变换器是一种非隔离式单管 DC/DC 升降压反极性变换器，与 Buck-Boost 变换器一样，也具有升降压功能，能工作在电流连续、断续和临界连续三种工作方式。Cuk 型均衡电路与前者的区别在于在整个均衡周期内，无论开关闭合或者断开，能量一直通过电容和电感传递给相邻电池。缺点是只能实现相邻电池间的能量转移，均衡速度较慢。

变换器型电路存在的主要问题在于能量只能在相邻电池间传递，如果电池节数较多，则均衡效率将大受影响，另外对开关控制精度要求较高，且元器件较多，特别是 Cuk 型电路，成本较高。

4.5 电池管理系统保护策略

电池的安全保护是电池管理系统最重要的功能。电池管理系统通过对电池进行状态监测及分析，实现对电池运行过程各种异常状态进行保护，并能发出告警信号或跳闸指令，实施就地故障隔离。电池管理系统中包含电流保护、电压保护、温度保护及 SOC 保护等功能。

1. 电流保护

电流保护，也称过电流保护，指的是在充、放电过程中，如果工作电流超过了安全值，则应该采取措施限制电流增长。电流保护包括电池簇充电过电流保护和电池簇放电过电流保护。

2. 电压保护

电压保护指的是在充、放电过程中，电压超过设定值时，应采取措施限制电压越限。电压保护包括电池簇电压过高/低、单体电压过高/低、单体电压差。

3. 温度保护

电池的充放电对环境温度范围有特点的要求，温度保护是当温度超过一定限制值的时候对电池采取保护性的措施。温度保护包括单体过温保护、单体欠温保护、单体温差大保护、极柱过温保护。其中极柱温度过高可能是由于连接处螺钉松动或浮充电压过高引起的。

4. SOC 保护

电池 SOC(state of charge) 是在特定放电倍率条件下，电池剩余电量占相同条件下额定容量百分比。为了防止电池过放，当 SOC 低于设定值时，应采取保护性措施限制放电。

电池管理系统的电流保护、电压保护、温度保护均采用了三级保护机制。一级报警发生时，BMS 通知 PCS 降功率运行；二级报警发生时，BMS 通知 PCS 停止进行充电或放电；三级报警发生时，BMS 通知 PCS 停机，延时后，BMS 主动断开继电器。电池管理系统保护动作及恢复策略分别如图 4 - 10 和图 4 - 11 所示。

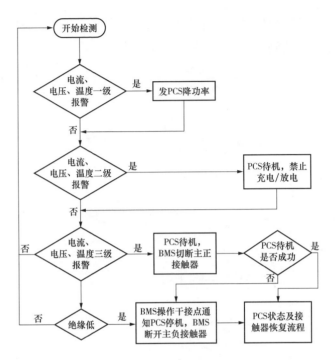

图 4-10　保护策略动作流程

4.6　电池 SOC 估算

SOC 估算是电池管理系统研究的核心和难点，准确的 SOC 估算可作为电池充放电控制和电池均衡的重要依据。电池 SOC 估算常用的方法有内阻法、安时积分法、开路电压法、神经网络法、卡尔曼滤波法。

1. 内阻法

内阻法是利用内阻和 SOC 之间存在的关系，通过确定内阻来估计 SOC。内阻法适用于放电后期电池 SOC 的估计，可

与安时法组合使用。电池的内阻可通过最小二乘法、瞬时脉冲法等方法测得。估算方法可用下式表达

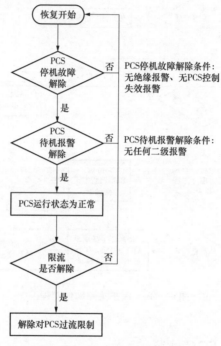

图 4 - 11 保护动作后恢复流程

$$SOC = \frac{\alpha}{R - \beta} + \lambda \qquad (4 - 1)$$

式中：α、β、λ 为常数；R 为内阻，Ω。

由于电池 SOC 与电阻参数之间关系复杂，用传统方法很难精准建模，电池内阻较小测量比较困难，且 SOC 较大时内阻变化不明显，在放电后期电阻变化比较大，因此这种方法应用不广泛。

2. 安时积分法

安时积分法是电化学储能电池 SOC 估算最常用的方法，是通过对电流连续检测并进行积分得到电池释放或吸收的电量，从而得出电池的 SOC 值，不再考虑大容量电池内部结构和化学状态的变化。采用安时积分法估算 SOC 的表达式可描述为

$$SOC = SOC_0 - \frac{\int_{t_0}^{t} \eta i dt}{Q_N} \qquad (4-2)$$

式中：SOC_0 为初始 SOC 值；η 为电池库伦效率，锂电池库伦效率约为 100%；i 为电流（时间的函数），A；Q_N 为电池实际可用容量，Ah。

安时积分法的准确性关键在于电池初始容量的准确性和充放电电流测量的精确性。由于电池实际可用容量受到温度、电池自放电、电池老化、放电率等方面的影响，因此传统的安时估算法还要进行相应的补偿计算。

3. 开路电压法

电压法可分为开路电压法和负载电压法。开路电压法根据电池的开路电压与电池的放电深度间的对应关系，通过测量电池的开路电压来估计 SOC。当电池放电时，电解液浓度降低，内阻上升，负载电压（端电压）与 SOC 基本上呈线性关系（见图 4-12），可近似表达为：$SOC = \alpha U + \beta$，式中：α、β 为常数；U 为端电压，V。

由于放电后期电压下降迅速、电池的自恢复效应、在实际中电流不可能一直恒流等原因使得这种方法测量结果误差比较大，在早期 SOC 估算时常用，现在应用不多。

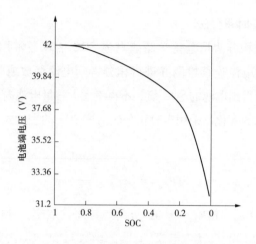

图 4-12 端电压与 SOC 关系

4. 神经网络法

由于电化学储能电池是一个复杂的非线性系统，要想对其建立一个准确的数学模型是很难的。神经网络法是通过模拟人脑的思维过程，根据记录的电池内阻、电流及温度等数据来估算出电池 SOC。基于神经网络的 SOC 估算实现主要基于如图 4-13 所示的神经网络控制器，它是一个含有 3 层 BP 神经网络的结构，只要中间层神经元节点数足够多，该网络就具有模拟任意复杂的非线性映射的能力。输入层有 3 个神经元，分别与电池温度 T，电池内阻 R，电流 i 等参数对应，输出层有一个神经元 Q（蓄电池的安时损耗量）。中间层中神经元的个数取决于工况的复杂程度和要求的精度，采用试凑法确定。

由于神经网络法不考虑电池内部的化学反应，只是通过对样本数据的不断训练和学习来模拟电池的电化学特性，因此适合测量各种电池的 SOC，但是由于它对试验测量存在误差、电池特性受外界环境影响较大以及样本数据的有限性，因此只运用此方法预测电池的 SOC 精度较低，而且在 BMS 中较难实现。

图 4 - 13 BP 神经网络示意图

5. 卡尔曼滤波法

卡尔曼滤波法是利用迭代性质处理数据，包括 SOC 估计值和反映估计误差的协方差矩阵的递归方程。应用于电池 SOC 估算，电池被看成动力系统，SOC 是系统的一个内部状态变量，通过递推算法实现 SOC 的最小方差估计。电池模型的一般数学形式为：

状态方程

$$x_{k+1} = A_k x_k + B_k u_k + w_k \qquad (4-3)$$

输出方程

$$y_k = c_k x_k + D_k u_k + V_k \qquad (4-4)$$

离散化的电池 SOC 计算式为

$$SOC_{k+1} = SOC_k - \frac{\eta i_k \Delta t}{C} \qquad (4-5)$$

系统的输入相量 u_k 中，通常包含电池电流、温度、剩余容量和内阻等变量，系统的输出 y_k 通常为电池的工作电压，电池 SOC 包含在系统的状态量 x_k 中。

卡尔曼滤波法不仅可以估计电池 SOC，还可以算出其相应的误差，对初始 SOC 要求不高，在估算过程中能保持很好的精度，并且对初始值的误差有很强的修正作用，并对噪声有很强的抑制作用。但它要求控制器有较快的计算能力，并对电池性能模型精度及 BMS 计算能力要求高，且运算量比较大。

4.7　电池管理系统绝缘检测

正常运行情况下，电池系统的正负极对地是完全绝缘的，但不排除长时间运行后线路老化或受潮导致的绝缘降低。电池系统的绝缘检测影响着系统和人身的安全，是储能电池系统的一个重要功能，所以储能系统要具备稳定可靠的绝缘检测的功能。电池管理系统具有专业的绝缘监测功能，一旦绝缘参数下降，系统会自动报警或启动相应保护。绝缘电阻可分为总正对地 R_x 和总负对地 R_y，衡量系统绝缘状态 R_i 一般取两者之间的最小值。

当前储能系统的绝缘检测功能经常由于系统设计原因，出现较多的问题。主要表现在：

（1）储能电池系统有多个电池簇并联，每个电池簇都具备绝缘检测功能，PCS 一般也具备绝缘检测功能，PCS 本身一般也不隔离，导致储能电池系统投入后，会存在多个绝缘检测功能同时采集，影响绝缘采集功能。

（2）储能系统布线不规范、寄生参数影响大，PCS 本身电容及 PCS 运行对绝缘的影响等多种因素也会导致绝缘检测问题较多。

为避免绝缘检测故障，绝缘检测设计要从系统设计考虑，充分考虑系统寄生参数，合理设置绝缘检测频率，另外多个绝缘检测电路工作时，要避免互相影响，导致绝缘异常。目前电池管理系统主要采用国际推荐的开关式绝缘测量方法，如图 4‑14 所示。

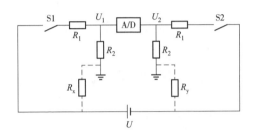

图 4‑14 电池管理系统绝缘检测原理图

R_x 是 HV+ 对地电阻，R_y 是 HV‑ 对地电阻，R_1 和 R_2 是测量用的已知阻值的标准电阻，测量方法如下：

步骤 1：闭合 S1，断开 S2，采集 U_1 点电压和总压 U；

步骤 2：闭合 S2，断开 S1，采集 U_2 点电压和总压 U。

可得方程

$$R_x = [UR_2 - (R_1 + R_2)(U_1 + U_2)]/U_1 \qquad (4-6)$$

$$R_y = [UR_2 - (R_1 + R_2)(U_1 + U_2)]/U_2 \qquad (4-7)$$

代入 U_1、U_2、R_1、R_2 以及总压 U 即可通过方程求解 R_x 和 R_y，电池系统的绝缘电阻取 R_x 和 R_y 两者之间的最小值。

在储能电池系统中，一般绝缘检测是由电池簇控制器 BCU 实现的，但具体的绝缘采集的开启和关闭应由 BAU 控制，BAU 还可以控制 BCU 绝缘采样的周期。一般储能系统绝缘采集的实现策略有多种实现方式，可采用的实现方式是在 BAU 闭合电池堆系统的总断路器前，由 BCU 采集电池系统的绝缘状态，在 BAU 闭合电池堆系统的总断路器后，由 PCS 检测储能系统的绝缘状态，BMS 停止检测绝缘状态。也可以采用 BMS 采集绝缘状态，PCS 不执行绝缘采集功能。BMS 采集绝缘状态，也有多种方式，一种是每个电池簇的 BCU 根据 BAU 的要求，采用轮询的方式依次采集绝缘状态，并给出绝缘状态；还有一种是电池簇闭合后指定一簇电池系统采集绝缘状态，一般默认第一簇 BCU 进行采集。

5 储能变流器技术

储能变流器是电化学电池储能系统中功率变换系统的重要组成部分,其本质是基于全控型功率半导体器件与PWM调制技术实现的电力电子变换器。电化学储能电站中各单元通过储能变流器实现并网运行,并通过储能变流器控制算法的设计使电化学储能电站满足相关并网技术规范。目前,主流设备制造厂商的储能变流器一般采用三相电压型两电平或三电平PWM整流器,连接于电化学储能电池与交流电网之间,用于实现交流至直流的电能变换,其主要优点是:①动态特性随控制算法的调整而灵活可控;②功率可双向流动;③输出电流正弦且谐波含量少;④功率因数可在 $-1 \sim 1$ 之间灵活调整。本章主要针对储能变流器的相关技术开展讨论。

5.1 储能变流器的工作原理及基本电路

储能变流器的工作原理是将直流侧电压调制为幅值、相位可控的交流电压,进而实现对输出有功、无功的控制。本节从调制技术出发,简要探讨三相桥式电路交流侧输出电压控制原理,并就储能变流器常用的电路结构进行了探讨。

5.1.1 储能变流器的工作原理

储能变流器可工作于整流与逆变两种工况，其本质是利用脉冲宽度调制（pulse width modulation，PWM）技术实现将直流电压变换为交流电压，并通过调节输出侧交流电压的相位实现整流和逆变运行。

1. 脉冲宽度调制技术

脉冲宽度调制技术本质是基于采样控制理论中的冲量等效原理，即冲量（面积）相等而形状不同的窄脉冲作用在惯性环节上时，其作用效果基本相同。对于储能变流器而言，其交流侧滤波电感即为典型的惯性环节。

为直观说明这一工作原理，图5-1以典型的正弦波脉冲宽度调制为例进行说明。图中将正弦波的半周期按11等分进行划分，其中图5-1（b）中每一等分波形所对应的面积与图5-1（a）中所对应面积相等。由于图5-1（a）中正弦波瞬时值随时间变化，图5-1（b）中的脉冲宽度也随时间变化，即正弦波瞬时值越大则脉冲宽度越长。直观来看，这些幅值相等但宽度不同的脉冲序列组成了一个与正弦波等效的脉宽调制波形。这一脉宽调制波形作用在交流电感上可产生接近图5-1（a）中正弦波作用的近似效果。

2. 三相桥式电路整流/逆变原理

在储能变流器中，应用最广的是三相桥式逆变电路。采用IGBT作为可控元件的电压型三相桥式逆变电路拓扑结构如图5-2所示。

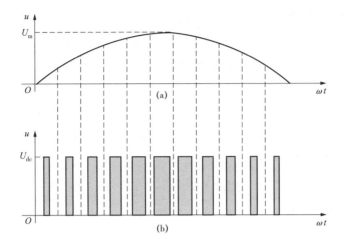

图 5－1　脉冲等效原理示意图

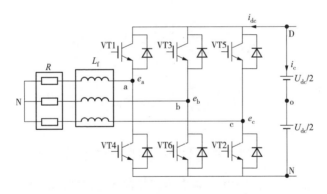

图 5－2　电压型三相桥式逆变电路拓扑结构

对于上述拓扑结构，通过控制开关的有序通断，可实现交流侧三相电压幅值、相位与频率的有效调节。各桥臂开关通断的顺序可采用不同的调制方式实现，其中 SPWM 与 SVPWM 为常见的调制方式。本节以 SPWM 调制对三相桥式电路交流侧电压形成原理进行讨论。

图 5-3 给出了 SPWM 调制波发生电路，其中 U_a、U_b、U_c 为三相桥式电路交流侧需要输出的电压瞬时值，U_d 为三角载波信号。U_a、U_b、U_c 与 U_d 经比较器之后输出各桥臂的 IGBT 驱动信号 U_{g1}、U_{g2}、U_{g3}、U_{g4}、U_{g5} 与 U_{g6}，其中同一桥臂的上下两个 IGBT 驱动信号呈互补关系。三相桥式电路任何时刻都有 3 个开关被驱动导通。U_{g1}、U_{g2}、U_{g3}、U_{g4}、U_{g5} 与 U_{g6} 分别用于驱动图 5-2 中 T1、T2、T3、T4、T5、T6 的导通和关断。

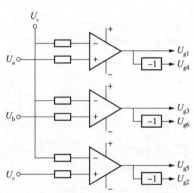

图 5-3　SPWM 调制波发生电路

图 5-4 给出 SPWM 调制及三相桥式电路交流输出电压波形图。以 A 相为例，当 u_a 大于三角载波信号，则 T1 导通、T4 关闭，交流侧输出电压 $u_{ao} = U_{dc}/2$；当 u_a 小于三角载波，则 T1 关闭、T4 导通，交流侧输出电压 $u_{ao} = -U_{dc}/2$。同理可得到 u_{bo} 与 u_{co} 的电压波形，其中 u_{ao} 与 u_{bo} 间相位差为 120°，u_{ao} 与 u_{co} 间相位差为 240°。根据 u_{ao}、u_{bo} 与 u_{co} 的电压波形可以

得到 u_{AB}、u_{BC} 与 u_{CA} 的电压波形。随着载波频率的提高,图中 u_{AB} 的电压脉宽分布将展现正弦变化趋势。

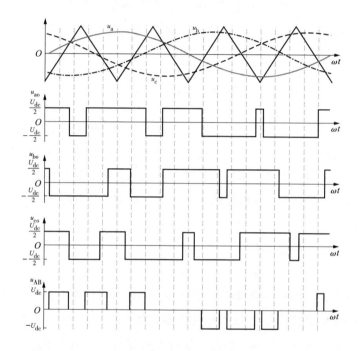

图 5-4 SPWM 调制及三相桥式电路交流输出电压波形图

依据 SPWM 的特性,图 5-4 中 u_{ao} 的幅值可表示为

$$U_{ao} = M \cdot \frac{1}{2} U_{dc} \qquad (5-1)$$

式中:M 为调制系数;U_{dc} 为三相桥式电路直流侧电压,V。

输出线电压 u_{AB} 的幅值为

$$U_{AB} = \frac{\sqrt{3}}{2} M U_{dc} = 0.866 M U_{dc} \qquad (5-2)$$

从式(5-2)可以看出，采用 SPWM 调制，输出的最大线电压为 $0.866U_{dc}$。若采用 SVPWM 调制，则可输出的最大线电压幅值为 U_{dc}，其电压利用率是 SPWM 调制的 1.15 倍。需要指出的是利用谐波注入的方式，可提高 SPWM 的电压利用率。

5.1.2 储能变流器的电路结构

储能变流器的主电路主要由直流侧滤波电容、功率半导体桥式电路、交流侧滤波电路等构成。实际工程应用中，储能变流器可能采用不同的拓扑结构，如一级变换拓扑型、二级变换拓扑型、H 桥链式拓扑型等。不同的拓扑结构拥有不同的优缺点，适用于不同的应用场景。

1. 一级变换拓扑型

一级变换拓扑型为仅含 AC/DC 环节的单级式功率变换系统，其结构示意图如图 5-5 所示。该结构下储能电池经过串并联后直接连接至 AC/DC 变流器的直流侧。这种功率变换系统结构简单，可靠性较好，能耗相对较低，但储能单元容量选择缺乏一定的灵活性。

2. 二级变换拓扑型

二级变换拓扑型中含有 AC/DC 和 DC/DC 两级功率变换系统，其结构如图 5-6 所示。双向 DC/DC 环节主要是进行升、降压变换，为并网侧 AC/DC 变换系统提供稳定的直流电压。此种拓扑结构的功率变换系统适应性强，由于 DC/DC 环节实现直流电压的升降，电池组容量配置则更为灵活。但 DC/DC 环节的存在也使得整个系统的功率变换效率降低。

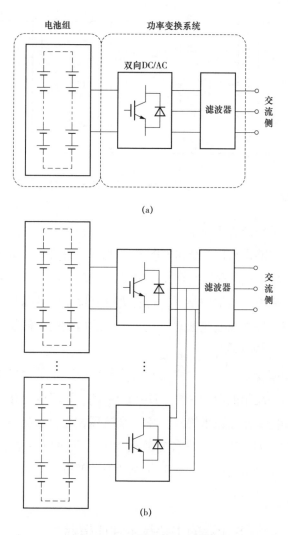

图 5-5 一级变换拓扑型功率变换系统拓扑结构

（a）单机系统；（b）多机系统

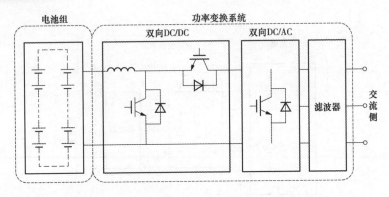

图 5-6 二级变换拓扑型功率变换系统拓扑结构

3. H 桥链式拓扑型

H 桥链式拓扑型结构如图 5-7 所示。这类拓扑采用多个 H 桥功率模块串联以实现高压输出，避免了电池的过多串联；每个功率模块的结构相同，容易进行模块化设计和封装；各个功率模块之间彼此独立。这类拓扑结构适用于储能单元容量大于 1MW 的场合。

功率变换系统中，变流器的控制算法决定了储能电站对电网所表现出的动态特性。GB/T 34120—2017《电化学储能系统储能变流器技术规范》中对变流器控制算法提出了相应的要求，如变流器应具备充放电功能、有功功率控制功能、无功功率调节功能、并离网切换功能、低电压穿越功能、频率/电压响应功能等。

5.2 储能变流器的主要技术性能指标

储能变流器的技术指标可便于掌握其性能，为工程建设中的设备选型提供参考依据。本节从储能变流器本体技术指标与涉网技术指标两部分对设备性能进行了探讨，其中本体技术指标主要围绕设备电气及主要技术参数、电磁兼容等展开，涉网技术指标则主要根据并网技术规范展开。

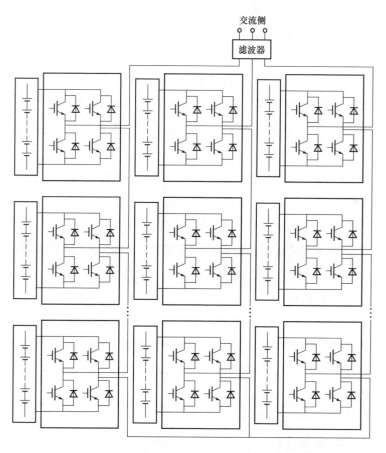

图 5-7　H 桥链式拓扑型功率变换系统拓扑结构(Y 形接法)

5.2.1 储能变流器本体技术指标

5.2.1.1 基本要求

储能变流器是储能系统的核心设备，必须采用高品质性能良好的成熟产品，应该满足以下要求：

（1）变流器要求能够自动化运行，运行状态可视化程度高。显示屏可清晰显示实时各项运行数据，实时故障数据，历史故障数据。

（2）变流器应具有短路保护、过温保护、交流过电流及直流过电流保护、直流母线过电压保护、电网过欠电压等保护功能等，并相应给出各保护功能动作的条件和工况（即何时保护动作、保护时间、自恢复时间等）。

（3）变流器应具有通信接口，能将相关的测量保护信号上传至监控系统，并能实现远方控制。

（4）变流器的安装应简便，无特殊性要求。

（5）变流器需具备无功调节能力，可参与电网 AVC 调压，功率因数调节范围 −1（超前）~ +1（滞后），动态无功响应时间小于 30ms。

5.2.1.2 电气及主要技术参数

项目需要 500kW 的储能双向 PCS，投标文件中应包含但不限于表 5−1 所示技术参数，并保证供货设备的性能特性与提供的数据一致。

5.2.1.3 电磁兼容性

1. 发射要求

正常工作的 PCS 的电磁发射应不超过 GB 17799.4—

2012《电磁兼容　通用标准　工业环境中的发射》规定的
发射限值。

表 5-1　　　　　500kW PCS 技术参数

序号	名称	典型参数	备注
1	最大效率	99.0%	不含变压器
2	接线方式	三相三线制	
3	额定功率	500kW	55℃长时间运行
4	交流过载能力	110%	50℃长期运行
		120%	10min
5	允许环境温度	-30~+55℃	
6	允许相对湿度	10%~95%	无冷凝，无结冰
7	防护等级	IP 21	成套系统满足 IP54
8	耐用时间	25 年	平均温度 25℃，24h/日，在使用期间可更换元器件
9	噪声	在舱体外 1m 处测量，PCS 成套设备白天不大于 55dB，夜晚不大于 45dB	在舱体外 1m 处测量，PCS 成套设备白天不大于 55dB，夜晚不大于 45dB
10	冷却方式	温控强迫风冷	
11	绝缘电阻	>10MΩ	输入电路对地、输出电路对地的绝缘电阻
12	介质强度	AC 2kV，1min	漏电流小于 20mA

续表

序号	名称		典型参数	备注
13	切换开关		交流接触器＋断路器	
14	人机交互		接口已预留	
15	直流侧参数	最大直流功率	550kW	
		直流母线最高电压	850V	
		直流侧最大电流	1077A	
		直流电压工作范围	520～850V	
		直流电压纹波系数	＜5%	
16	交流侧参数	额定功率	500kW	
		最大输出功率	550kW	长时间运行
		交流接入方式	三相三线	
		隔离方式	无隔离	
		无功范围	－500～＋500kvar	
17	并网运行参数	额定电网电压	360V	
		允许电网电压	324～396V	
		额定电网频率	50Hz	
		允许电网频率	45～55Hz	
		电流总谐波畸变率	＜3%	
		功率因数	＞0.99；－1～＋1可设置	
		充放电转换时间	＜100ms	满充到满放小于100ms

序号	名称		典型参数	备注
18	离网运行参数	额定输出电压	360V	
		电压偏差	< ±3%	
		电压不平衡度	<2%	
		电压总谐波畸变率	<3%	
		额定输出频率	50Hz	
		动态电压瞬变范围	<10%	
		输出过电压保护值	396V	
		输出欠电压保护值	324V	
19	显示和通信	通信接口	RS485、Ethernet、CAN	
		人机界面	触摸屏	
		通信规约	PCS 与 BMS 采用485，PCS 与 EMS 采用双网 IEC 61850	不能采用规约转换

2. 静电放电抗扰度

静电放电抗扰度应符合 GB/T 17626.2—2018《电磁兼容试验和测量技术 静电放电抗扰度试验》标准抗扰度等级 3 的要求，即空气放电 8kV 和接触放电 6kV，试验结果应符合 GB/T 17626.2—2018 第 9 条中 b 类要求。

3. 射频电磁场辐射抗扰度

射频电磁场辐射抗扰度应采用 GB/T 17626.3—2016《电磁兼容 试验和测量技术 射频电磁场辐射抗扰度试验》试

验等级 3 的要求，试验场强 10V/m，试验结果应符合 GB/T 17626.3—2016 中 a 类要求。

4. 电快速瞬变脉冲群抗扰度

电快速瞬变脉冲群抗扰度应采用 GB/T 17626.4—2018《电磁兼容　试验和测量技术　电快速瞬变脉冲群抗扰度试验》试验等级 2 的要求，电源端 ±1kV，试验结果应符合 GB/T 17626.4—2018 中 a 类要求。

5. 浪涌(冲击)抗扰度

应对电源端口施加 1.2/50μs 的浪涌信号，试验等级为线对线 ±1kV，线对地 ±2kV，试验结果应符合 GB/T 17626.5—2019《电磁兼容　试验和测量技术　浪涌(冲击)抗扰度试验》中第 9 条 b 类要求。

6. 射频场感应的传导骚扰抗扰度

传导骚扰抗扰度应采用 GB/T 17626.6—2017《电磁兼容　试验和测量技术　射频场感应的传导骚扰抗扰度》中试验等级 3，试验结果应符合 GB/T 17626.6—2017 中 a 类要求。

7. 电压暂降、短时中断和电压变化的抗扰度

根据 PCS 的预期工作环境，按 GB/T 17626.11—2008《电磁兼容　试验和测量技术　电压暂降、短时中断和电压变化的抗扰度试验》中附录 B 的规定选择试验等级，PCS 应能承受所选试验等级的电压暂降、短时中断和电压变化的抗扰度试验。

5.2.2　储能变流器并网技术指标

目前国家标准、行业标准、企业标准皆已覆盖电化学电

化学储能电站的并网技术指标要求。其中 GB/T 36547—2018
《电化学储能系统接入电网技术规定》由国家市场监督管理
总局与中国国家标准化管理委员会于 2018 年 7 月发布,并于
2019 年 2 月实施。该标准规定了电化学储能系统接入电网的
电能质量、功率控制、电网适应性、保护与安全自动装置、
通信与自动化、电能计量、接地与安全标识、接入电网测试
等技术指标要求,适用于额定功率 100kW 及以上且储能时间
不低于 15min 的电化学电池储能系统。本节主要围绕这一标
准探讨储能变流器并网所需满足的基本技术条件。

1. 基本规定

GB/T 36547—2018 规定了电化学储能接入电网的电压等
级、中性点接地方式、短路容量校核、保护配置、绝缘耐压、
并网点设置、调频和调峰、启动和停机时间等内容的基本原
则。其中电化学储能系统接入电网的电压等级依据其额定功
率进行了划分,推荐等级见表 5-2。

表 5-2　电化学储能系统接入电网电压推荐等级

电化学储能系统额定功率	接入电压等级	接入方式
8kW 及以下	220/380V	单相或三相
8~1000kW	380V	三相
500~5000kW	6~20kV	三相
5000~100000kW	35~110kV	三相
1000000kW 以上	220kV 及以上	三相

2. 电能质量

GB/T 36547—2018 在电能质量中谐波、电压偏差、电压
波动和闪变、电压不平衡度、监测及治理要求等技术要求中,

主要是引用 GB/T 14549—1993《电能质量 公用电网谐波》、GB/T 24337—2009《电能质量 公用电网间谐波》、GB/T 12326—2008《电能质量 电压波动和闪变》、GB/T 15543—2008《电能质量 三相电压不平衡》、GB/T 19862—2016《电能质量监测设备通用要求》等标准的规定。对直流电流分量则要求公共连接点不应超过其交流额定值的 0.5%。

3. 功率控制

GB/T 36547—2018 对电化学储能应具备的功率控制模式进行了规范，就四象限功率控制调节范围进行了具体说明，对应功率控制调节范围示意图如图 5-8 所示。在储能电站有功功率控制技术要求上，明确规定充/放电响应时间不大于 2s，充/放电调节时间不大于 3s，充/放电状态转换时间不大于 2s。

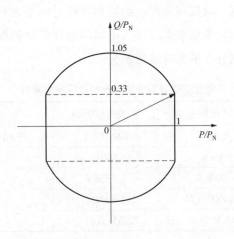

注：P_N 为电化学储能系统的额定功率，W；P 和 Q 分别为电化学储能系统当前运行的有功功率和无功功率，W、var。

图 5-8 电化学储能系统四象限功率控制调节范围示意图

4. 电网适应性

电化学储能电站的电网适应性主要包含两部分内容，即频率适应性与故障穿越。其中频率适应性规定了储能电站正常运行的频率范围与电网频率异常下的动作行为，具体内容见表 5-3。

表 5-3　　接入公用电网的电化学储能系统的
频率运行要求

频率范围	接入电压等级
$f < 49.5\text{Hz}$	不应处于充电状态
$49.5\text{Hz} \leqslant f \leqslant 50.2\text{Hz}$	连续运行
$f > 50.2\text{Hz}$	不应处于放电状态

注　f 为电化学储能系统并网点的电网频率，Hz。

对储能电站的故障穿越要求主要是针对通过 $10(6)\text{kV}$ 及以上电压等级接入公用电网的情况，要求储能变流器具备低电压穿越与高电压穿越的能力。当储能电站并网点考核电压低于额定电压，但大于等于 0.9 额定电压时，储能变流器应能长时间并网运行；当储能电站并网点考核电压低于 0.9 额定值的时，储能系统即进入低电压穿越模式。若并网点考核电压小于 0.2 额定电压时，储能变流器应能保持不脱网连续运行 0.15s；若并网点考核电压等于 0.2 额定值时，储能系统应能不脱网连续运行 0.625s；若并网点考核电压大于 0.2 额定电压且小于 0.9 额定电压之间时，电池储能系统的不脱网连续运行时间应能够按式(5-3)计算得到。电化学储能电站并网需满足的系统低电压穿越要求的基本曲线具体如

图 5-9 所示。

$$t = \frac{1.375}{0.7U_N}(U_t - 0.2U_N) + 0.625 \qquad (5-3)$$

式中：t 为储能系统不脱网联系运行时间，s；U_N 为并网点额定电压有名值，V；U_t 为并网点电压有名值，V。

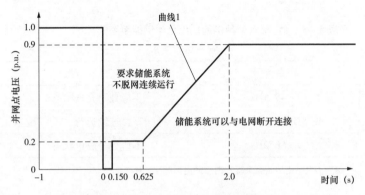

图 5-9　电化学储能系统低电压穿越要求

上述低电压穿越的触发条件为考核电压水平，电网中各种故障类型下可选取的并网点考核电压如表 5-4 所示。

表 5-4　　电化学储能系统低电压穿越考核电压

故障类型	考核电压
三相对称短路故障	并网点线/相电压
两相相间短路故障	并网点线电压
两相接地短路故障	并网点线/相电压
单相接地短路故障	并网点相电压

储能系统并网点考核电压超过额定值，但小于等于 1.1 倍额定电压时，储能变流器应能长时间保持并网运行；当储

能电站并网点考核电压超过 1.1 倍额定电压时，储能变流器需进入高电压穿越模式。其中，若并网点考核电压小于等于 1.3 倍额定电压且大于 1.2 倍额定电压时，储能变流器应能不脱网连续运行 0.1s；若并网点考核电压大于 1.1 倍额定电压且小于等于 1.2 倍额定电压时，储能变流器应能不脱网连续运行 10s。电化学储能系统高电压穿越所对应的并网点考核电压和不脱网连续运行时间如图 5－10 所示曲线。

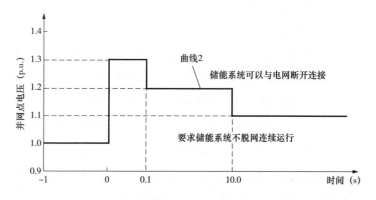

图 5－10　电化学储能系统高电压穿越要求

5. 保护与安全自动装置

GB/T 36547—2018 对电化学储能电站内配置的保护与安全自动装置未做特殊要求，仅引用 GB/T 14285—2006《继电保护和安全自动装置技术规程》与 DL/T 584—2017《3kV ~ 110kV 电网继电保护装置运行整定规程》进行规范。

6. 通信与自动化

通信与自动化的有关规定直接关系到电化学储能电站的响应特性。GB/T 36547—2018 在该部分对电化学储能电站的通信通道、通信设备接口与协议、通信信息等内容进行了规定。为了方便调度部门对电化学储能电站的调度管理，对于接受电网调度的接入10(6)kV及以上电压等级公用电网的储能系统，标准给出了其与调度结构通信的信息内容要求，具体为：

（1）电气模拟量：并网点的频率、电压、注入电网电流、注入有功功率和无功功率、功率因数、电能质量数据等。

（2）电能量及荷电状态：可充/可放电量、充电电量、放电电量、荷电状态等。

（3）状态量：并网点开断设备状态、充放电状态、故障信息、远动终端状态、通信状态、AGC状态等。

（4）其他信息：并网调度协议要求的其他信息。

目前电网侧电池储能建设中，为了规范站内各设备的通信接口，国内电网公司一般要求各供应商采用标准的IEC 61850通信协议，储能电站与调度端则采用104规约进行通信。

7. 电能计量

GB/T 36547—2018主要对电能计量点进行了明确，并引用标准DL/T 448—2016《电能计量装置技术管理规程》与DL/T 645—2007《多功能电能表通信协议》对计量装置进行了规范。

8. 接地与安全标识及接入电网测试

GB/T 36547—2018主要从宏观角度规范了电化学储能系统防雷与接地、标识、入网前的测试原则等内容，未涉及具体的技术细节要求。

5.3 储能变流器的控制技术

电化学储能电站的并网主要依托三相电压源型并网变流器。目前，三相电压源型并网变换器较为主流的拓扑主要有两电平拓扑结构、中点箝位型三电平拓扑结构、模块化多电平拓扑结构等。其中两电平变换器在实际工业环境中得到了广泛的应用，其具体的拓扑结构如图 5-11 所示。本节后续的内容将基于这一典型拓扑展开。

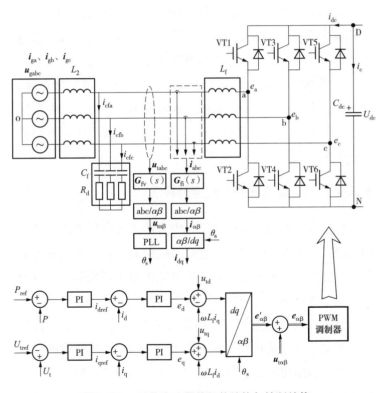

图 5-11　储能变流器的拓扑结构与控制结构

图 5 - 11 中所示储能变流器系统中，U_{dc} 表示储能变流器直流侧母线电压，在电池储能系统中其电压的大小受到电化学储能电池荷电状态的影响；VT1 至 VT6 为对应储能变流器各桥臂的开关元件；L_f 对应储能变流器交流输出侧的滤波电感，可减小储能变流器输出谐波电流；C_f 对应储能变流器交流输出端的滤波电容，与滤波电容串联的 R_d 对应无源阻尼电阻，用于阻尼 LCL 谐振；L_2 则用于表示电网内抗。由于储能变流器控制中变量涉及在不同坐标系中表达，文中采用脚标"abc""αβ"与"dq"区分三相静止坐标系、两相静止坐标系与旋转 dq 坐标系中的变量。u_{gabc} 为理想电压源的电压矢量，u_{tabc} 为变换器交流端电压矢量，e_a、e_b 和 e_c 为变换器输出的三相交流电压，i_{abc} 为交流滤波电感电流，i_{cfa}、i_{cfb}、i_{cfc} 表示流入交流滤波电容的电流矢量（图中以标量形式对每一相进行了标注），i_{ga}、i_{gb}、i_{gc} 表示注入电网的电流矢量。

5.3.1 储能变流器的并网控制算法

储能变流器的控制算法设计中为使注入电网电流满足并网标准，一般对其输出电流进行直接控制，较为常见的电流控制算法是采用基于电压定向的电流矢量闭环控制。同时为了满足电池储能系统的有功控制、无功/电压控制，储能变流器会设计控制响应速度较慢的有功控制环与无功/电压控制环。本文选取主流的同步旋转坐标系双 PI 控制结构进行讨论，其控制结构的框图如图 5 - 11 所示。对于比较典型的储能变流器控制结构，其控制环路大致包含响应速度较慢的外环(如有功功率控制环、端电压控制环/无功功率控制环)、锁相环和电流控制环。下文将具体对各个控制环功能进行相应的说明。

1. 锁相控制环

信号由两相 $\alpha\beta$ 静止坐标系到两相 dq 旋转坐标系的矩阵关系为

$$C_{2x/2y} = \begin{bmatrix} \cos\theta & \sin\theta \\ -\sin\theta & \cos\theta \end{bmatrix} \qquad (5-4)$$

式中：θ 为变换所对应的目标坐标系与公共参考坐标系之间的夹角，具体在图 5-12 中为锁相环的输出角度 θ_s，也即图中锁相坐标系 dq 与公共参考坐标系 xy 之间的夹角。式(5-4) 所对应的逆变换可表示为

$$C_{2r/2s} = C_{2s/2r}^{-1} = \begin{bmatrix} \cos\theta & -\sin\theta \\ \sin\theta & \cos\theta \end{bmatrix} \qquad (5-5)$$

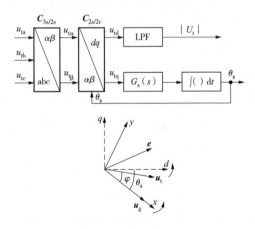

图 5-12　储能变流器中锁相环的结构与电压矢量关系图

图 5 - 12 中的 $G_s(s)$ 模块表示锁相环中的比例积分调节器，其功能是在 u_{tq} 不为零时，调节输出，使得锁相环输出相位 θ_s 最终与端电压相位一致，其传递函数表达式为

$$G_s(s) = k_{ps} + \frac{k_{is}}{s} \qquad (5-6)$$

式中：k_{ps}、k_{is} 分别为调节器的比例、积分系数。

图 5 - 12 中的 LPF 则为一阶低通滤波模块，用于滤除 u_{td} 中的高频谐波分量，从而得到端电压矢量的幅值 U_t。

根据图 5 - 12 中的结构，若假定端电压的表达式为 $\boldsymbol{u}_t = U_t \mathrm{e}^{j\varphi}$，则图中 u_{td}、u_{tq} 可表示为

$$u_{td} = U_t \cos(\varphi - \theta_s)$$
$$u_{tq} = U_t \sin(\varphi - \theta_s) \qquad (5-7)$$

不难从式 (5-7) 中看出，当 θ_s 与端电压相位 φ 相等时，端电压在锁相坐标下的 q 轴分量 u_{tq} 等于 0，也即实现了与电网的相位同步。图 5 - 12 中的矢量关系图直观地展示了各个空间矢量的位置信息。

2. 电流控制环

储能变流器的电流控制环路主要包括被控对象与电流调节器。其中被控对象视所设计的被控电流而定，一般可选取逆变侧电感电流或滤波电容后级的注入电网电流。这两种电流采样反馈的方式各具特色，其中逆变侧滤波电感电流由于直接可受到储能变流器输出内电势的调节，其受控的抗扰能力更强，本文中亦采用这一电流作为被控对象。根据图 5 - 11 中主电路的关系可知，电流控制环路中被控对象的数学模型可表示为

$$L_f \frac{\mathrm{d} \boldsymbol{i}_{\mathrm{abc}}}{\mathrm{d}t} = \boldsymbol{e}_{\mathrm{abc}} - \boldsymbol{u}_{\mathrm{tabc}} \qquad (5-8)$$

式中忽略了交流滤波电感上的寄生电阻。

式(5-8)也可利用旋转 dq 坐标系下的矢量进行表示，并对电流动态项进行微分展开后约去等式两边的旋转因子，即可得到交流滤波电感 L_f 在 dq 坐标系下的模型

$$L_f \frac{\mathrm{d} \boldsymbol{i}_{\mathrm{dq}}}{\mathrm{d}t} + \mathrm{j} \omega_0 L_f \boldsymbol{i}_{\mathrm{dq}} = \boldsymbol{e}_{\mathrm{dq}} - \boldsymbol{u}_{\mathrm{tdq}} \qquad (5-9)$$

为实现对交流滤波电感 L_f 电流的有效控制，根据式(5-9)一般可设计同步旋转 dq 坐标系下的控制器如下

$$\boldsymbol{e}_{\mathrm{dq}} = \left(k_{\mathrm{pc}} + \frac{k_{\mathrm{ic}}}{s} \right) (\boldsymbol{i}_{\mathrm{dqref}} - \boldsymbol{i}_{\mathrm{dq}}) + \mathrm{j} \omega_0 L_f \boldsymbol{i}_{\mathrm{dq}} + \boldsymbol{u}_{\mathrm{tdq}} \quad (5-10)$$

式中：k_{pc}、k_{ic} 分别对应电流调节器的比例、积分参数；$\mathrm{j} \omega_0 L_f \boldsymbol{i}_{\mathrm{dq}}$ 对应滤波电感电流在 dq 坐标系下的耦合量，用于降低控制中有功、无功电流的耦合；$\boldsymbol{u}_{\mathrm{tdq}}$ 对应储能变流器端电压在锁相同步 dq 坐标系中的映射，用于降低端电压波动对电流控制的影响。

式(5-10)所对应的数学关系可转换为图 5-11 所示的框图形式。注意到图 5-11 中端电压的前馈项直接加在了两相 $\alpha\beta$ 静止坐标系中，而非锁相坐标系下，类似的做法可在西门子的国际专利中见到。

在电流环中，反馈信号的采样与滤波在图 5-11 中通过传递函数矩阵 $\boldsymbol{G}_{\mathrm{fv}}(s)$、$\boldsymbol{G}_{\mathrm{fi}}(s)$ 进行表示，其具体的表达式为

$$\boldsymbol{G}_{\mathrm{fv}}(s) = \begin{bmatrix} f_v(s) & 0 \\ 0 & f_v(s) \end{bmatrix}, \quad \boldsymbol{G}_{\mathrm{fi}}(s) = \begin{bmatrix} f_i(s) & 0 \\ 0 & f_i(s) \end{bmatrix}$$

$$(5-11)$$

其中

$$f_v(s) = \frac{\alpha_{fv}}{s + \alpha_{fv}}, \quad f_i(s) = \frac{\alpha_{fi}}{s + \alpha_{fi}} \qquad (5-12)$$

式中：α_{fv}、α_{fi} 分别为低通滤波器截止角频率，Hz。

3. 有功功率控制

有功功率控制用于实现对储能电池充、放电功率的有效调节。该控制一般采用比例积分控制，控制环路的带宽需与电流控制内环的带宽相配合，否则可能造成电池储能系统并网后的功率控制失稳。控制表达式具体如下

$$i_{dref} = \frac{k_{pp}s + k_{ip}}{s}(P_{ref} - P) \qquad (5-13)$$

式中：i_{dref} 为 d 轴电流指令值，A；P_{ref} 和 P 分别为有功指令值和储能输出的实时有功功率，W；k_{pp}、k_{ip} 分别对应电流控制的比例、积分参数。

4. 无功/电压控制

无功/电压控制主要用于调节储能变流器注入电网的无功电流指令，响应 AVC 调节指令，改善电化学储能电站并网点的电压水平。这一控制一般可配置为无功控制模式或电压控制模式。控制器采用比例积分调节器，控制参数需与电流内环配合，否则可能造成系统稳定问题。控制表达式具体如下

$$i_{qref} = \frac{k_{pu}s + k_{iu}}{s}(U_t - U_{ref}) \qquad (5-14)$$

式中：i_{qref} 为 q 轴电流指令值，A；U_{ref} 和 U_t 分别为有功指令值和储能输出的实时电压，V；k_{pu}、k_{iu} 分别对应电流控制的比例、积分参数。

5.3.2 储能变流器的故障穿越算法

在 GB/T 36547—2018《电化学储能系统接入电网技术规定》中对电化学储能电站并网提出了高、低电压故障穿越的要求，其具体的穿越规则如图 5-9 与图 5-10 所示。为满足电化学储能电站的这一并网要求，需在储能变流器内配置相应的故障穿越算法。值得指出的是，现有电化学储能系统并网标准中，仅对其故障穿越期间并网运行时间做出了规定，并未对其故障穿越期间的有功电流、无功电流进行具体的规定。为使电化学储能电站在故障穿越期间持续运行，需在系统故障发生时对其电流控制进行暂态切换。

储能变流器交流电流控制的暂态切换动作主要是指交流侧输出电压的瞬时调节。故障下电网电压的幅值和相位都会瞬时改变，由于电流控制和锁相控制的延时，使得储能变流器交流侧输出电压调节相对较慢，因此会给电池储能系统带来网侧过电流、直流过电流等应力问题。实际中为了降低电网电压突出带来的应力问题，可以在电流控制上加入电压前馈和相位补偿环节，扰动后通过瞬间调节储能变流器输出电压来降低电网电压扰动的影响。

储能变流器交流侧过电流产生的原因在于，故障下电网电压产生突变而储能变流器交流侧输出电压由于电流控制、锁相环的延时不会瞬时改变，因此在故障瞬间会有较大的电压差加在滤波电感上。储能变流器交流侧滤波电感一般较小，使得电感电流会以较大的速率上升，从而带来过电流问题。实际中，为了降低电网电压扰动的影响，可以在电流控制中加入端电压前馈环节，如图 5‑13 所示。端电压前馈可以将电网电压的扰动引入到储能变流器交流侧输出电压中，扰动后通过瞬时改变该电压从而降低电网电压突变的影响。

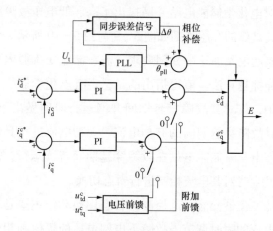

图 5‑13　储能变流器故障穿越电流控制框图

此外，电网故障恢复瞬间往往会发生相位跳变的情况，给储能变流器的运行带来冲击。如图 5‑14 所示，故障恢复瞬间端电压相位发生跳变时，由于锁相控制的延时，使得一段时间内锁相环 d 轴并未定向在端电压矢量上。然而控制器中电流指令的给定是以锁相坐标系为基准的，当锁相环相位和端电压相位存在误差时，d 轴电流不能反映实际真实的有功电流(其在端电压矢量上的分量才能代表有功分量)，因此会造成储能变流器实际输出的有功功率偏小的情况，极端情况下当相位误差 $\Delta\theta$ 为钝角时甚至会出现有功功率回流的现象，造成直流母线电压升高，危及储能电池及储能变流器的安全。

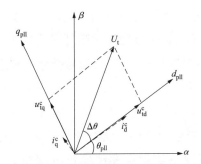

图 5-14　故障恢复瞬间储能变流器电压、电流矢量关系图

$$\begin{cases} \Delta\theta = \arcsin \dfrac{u_{tq}^{c}}{\sqrt{\left(u_{td}^{c}\right)^{2} + \left(u_{tq}^{c}\right)^{2}}}, u_{tq}^{c} \geqslant 0 \\[4mm] \Delta\theta = \pi - \arcsin \dfrac{u_{tq}^{c}}{\sqrt{\left(u_{td}^{c}\right)^{2} + \left(u_{tq}^{c}\right)^{2}}}, u_{tq}^{c} < 0 \end{cases} \qquad (5-15)$$

从前文分析可知，故障恢复相位跳变情况下储能变流器直流电压变化的原因在于锁相环 d 轴和端电压矢量间的相位差 $\Delta\theta$。如果在故障恢复瞬间，对锁相环的相位瞬时补偿一个角度 $\Delta\theta$，从储能变流器交流侧输出电压的角度看，即为瞬时调整该电压的相位，使得 d 轴电流定向在端电压矢量上，则可有效降低直流侧电压的波动。由图 5-14 可知，补偿角度 $\Delta\theta$ 可按式(5-15)求得，强电网情况下端电压矢量近似为固定矢量，该相位补偿能较为理想地解决过电压应力问题，弱电网情况下，端电压矢量受储能变流器输出影响，补偿效果会差于强电网情况下。一般情况下该相位补偿在故障恢复瞬间执行一次后便可退出，若持续动作的话，在弱电网情况下可能还会带来稳定性问题。原因在于，强电网情况下端电压矢量不易受储能变流器输出影响，该相位补偿环节类似于前馈的作用，并不会通过电网构成闭环通路，从而对稳定性没有影响。弱电网情况下端电压矢量易受储能变流器输出的影响，相位补偿后会带来储能变流器交流输出电压矢量的改变进而再次影响到端电压的相位，若相位补偿一直动作，则会再次计算补偿角度调节储能变流器交流输出电压相位，因此弱电网情况下该相位补偿通过电网构成了闭环通路，同时该相位补偿又相当于加快了锁相环的调节速度，从而恶化系统稳定性。除了相位补偿外，在故障阶段，还有可能存在锁相环参数的调节以改善电化学储能电站的暂态响应。

5.4 储能变流器的保护配置

电力设备在运行过程中设备质量、运行年限、运行环境等因素影响，不可避免地会出现各类型故障。这些故障轻则造成设备停止运行，重则直接导致设备损毁，造成严重的经济损失。在电化学储能电站中，保护是对储能变流器运行中发生的故障或异常情况进行检测，从而发出报警信号，或直接将故障部分隔离、切除的一种重要措施。考虑储能变流器内部设备可能发生故障，其所接入的系统也有可能发生故障，变流器保护策略的配置需充分考虑这两种场景。本节主要就储能变流器的保护技术进行简要讨论。

5.4.1 储能变流器软硬件保护

电池储能系统并网运行过程中，储能变流器控制装置会实时检测自身工作状态以及储能装置和交流电网的状态，一旦检测到故障及异常，储能变流器降低功率或停止工作，并发出报警信号。具体的保护功能有：

（1）交流过/欠电压保护。储能变流器在运行过程中，电网接口处的电网电压需运行在定值设定的偏差范围内，若超过定值所设定的偏差，则根据电压偏差大小，自动触发储能变流器进入高/低电压穿越模式。

（2）交流过/欠频保护。储能变流器在运行过程中，电网频率允许范围为 45～55Hz。当电网频率超出保护定值时，储能变流器停止工作，在液晶显示屏上显示相应的报警信息，并上送至监控后台。

（3）交流过电流保护。储能变流器在运行过程中，交流输出电流不超过额定值的110%。当电网发生短路、交流输出电流超出保护定值时，变流器停止工作，与电网断开，并发出相应的报警信息。

（4）负序电流保护。储能变流器在运行过程中，当电网负序电流超出保护定值时，将立即停机，并发出相应的报警信息。

（5）负序电压保护。变流器在运行过程中，当电网负序电压超出保护定值时，将立即停机，并发出相应的报警信息。

（6）孤岛保护。该保护主要是防止电化学储能电站进入孤岛运行环境时储能变流器控制失效造成设备及人员损失。当电网发生孤岛故障时，可迅速检测出电网孤岛故障，在0.2～2s内将储能装置同电网断开，并发出相应的报警信息。储能变流器一般可采用主动式与被动式孤岛检测方法。主动式防孤岛保护需获取电化学储能电站并网点线路对侧开关位置信号，当对侧开关跳闸时，联跳储能电站内各个储能单元。被动式防孤岛保护则通过检测并网点电压相位跳变、频率变化时控制储能单元脱网并停止运行。

（7）直流过电压、欠电压保护。根据电池特性及硬件参数配置，储能变流器允许输入的直流电压有一定的要求。当检测到输入电压超出保护定值时，储能变流器将立即停机，在 0.2～1s 内将储能装置同电网断开，并发出相应的报警信息。

（8）直流侧极性反接保护。为防止直流侧极性反接，储能变流器在运行过程中，实时检测直流进线电压。当检测到进线正负反接时，将立即停机，并断开直流断路器；极性正接后，变流器方可正常工作。

（9）直流过电流保护。储能变流器在运行过程中，实时监测直流侧电流。当电流值超过保护定值时，储能变流器会在 0.2～1s 内将储能装置同电网断开，并发出相应的报警信息。其定值整定需要与电池充放电限制电流相配合。

（10）绝缘监测。储能变流器在运行过程中，需实时监视直流侧对地绝缘状况，防止储能电池对地短路，危害电池的正常运行。当出现绝缘异常时，将停止工作，并发出相应的报警信息。

（11）接地保护。储能变流器在运行过程中，实时监测对地漏电流。当漏电流采样超过限值时，将停止工作，并发出相应的报警信息。

（12）驱动保护。储能变流器在运行过程中，实时监测

IGBT 模块的状态。当 IGBT 发生驱动故障时，将立即停机，并发出相应的报警信息。

（13）TV 异常保护。储能变流器在运行过程中，实时监测并网接触器前后端的交流电压偏差。当检测到电压采样异常时，储能单元将立即停机，同时向后台监控系统发出相应的报警信息。

（14）辅助电源保护。储能变流器在运行过程中，实时监测辅助电源的状态。当电源故障时，将立即停机，并发出相应的报警信息。

（15）过温保护。储能变流器在运行过程中，实时监测功率模组温度。当温度过高时，将启动风机散热，并限功率运行。当温度仍然高于高温限值时，变流器将停止运行，待温度降为正常后方可继续运行。

（16）通信故障保护。储能变流器在运行过程中，实时监测与 BMS 及上位机的通信状态，当通信出现中断时，将停止运行，并发出相应的报警信息。

（17）外部联锁保护。变流器可以接入外部联锁保护信号。当外部联锁保护时，将停止运行，并发出相应的报警信息。

5.4.2　储能变流器电浪涌保护器的设计

雷电是因强对流气候形成的雷雨云层间或云层与大地间强烈瞬间放电现象。我国是雷电活动十分频繁的国家，全国有 21 个省会城市雷暴日都在 50 天以上。雷电一直是影响电力设备安全稳定运行的重要原因，对于处于雷电频发地区的电化学储能电站发生雷击事故概率大，尤其是站内变压器、电力电子变换器等重要设备，受到雷击后有可能造成设备损坏，危害系统运行，影响较大。为防止雷电造成功率变换系统内设备过电压而损坏，需在其一次接线结构中安装电涌保护器，具体的设计原则如下所示：

（1）在储能变流器直流输入端应按照 $I_N = 20 \sim 40\text{kA}$ 的直流电涌保护器，储能变流器的交流输出端应安装 $I_N = 40\text{kA}$ 的交流电涌保护器，用于防止过电压对储能变流器半导体功率器件的危害，保护器持续运行电压、保护水平根据储能变流器直流侧与交流侧额定电压水平进行确定。

（2）在电池储能系统升压变输出端应安装 $I_N = 10\text{kA}$ 的交流电涌保护器，其持续运行电压、保护水平根据输出端电压确定。

（3）在交流配电箱输出端应安装 $I_N = 10\text{kA}$ 的交流电涌保护器，其持续运行电压、保护水平根据输出端电压确定。

综合以上要求，以典型的储能变流器一次结构为例，其具体各电涌保护器的安装位置如图 5-15 所示。

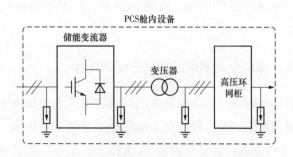

图 5-15　储能变流器电涌保护器配置示意图

5.5 储能变流器新型控制技术

现有电化学储能电站采用传统的基于锁相同步的矢量电流控制方式接入电网，该控制方式具有响应速度快、故障穿越能力强等优点，但也存在一定的局限性。基于锁相同步的并网控制在弱电网条件下容易引发系统振荡，危害系统安全稳定运行；此外，这一控制方式下，电化学储能电站为系统提供的惯量较少，若电池储能在系统中占比较大，则不利于大系统的频率稳定。相比储能变流器的运行特点，传统同步发电机具备物理含义明确的惯量、阻尼等概念，且相关大系统运行的理论研究较为成熟。因此，学界通过对同步发电机数学模型的模拟，提出了类似同步发电机运行特点的变流器控制算法，即虚拟同步并网控制技术。本小节主要就这一新兴的控制技术在电化学储能电站并网控制的应用中做简要探讨。

5.5.1 同步发电机与储能变流器交流输出功率调节原理的对比

下文将从同步发电机与储能变流器交流电气部分工作原理出发，说明其影响交流功率变化的原理之间的共性因素。

对于传统同步发电，考虑分布参数绕组用集总参数绕组代表后，描述其电气特性的参数主要是自感和互感，图 5－16 展示了理想情况下的 Y 形连接的隐极同步发电机线圈结构。定子三相线圈相关电量下标分别为 a、b 和 c，转子励磁线圈对应电量下标为 f。此处，三相线圈在各个方面均相同，并共同连接到公共点 N。图中，沿着逆时针方向，a 轴定向于转子

角度 $\theta = 0°$，b 轴定向于转子角度 $\theta = 120°$，c 轴定向于转子角度 $\theta = 240°$。

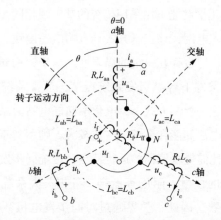

图 5－16　Y 形连接的隐极同步发电机线圈结构图

对于隐极同步机，每个定子绕组具有相同的自感 $L_s = L_{aa} = L_{bb} = L_{cc}$；相邻定子绕组之间的互感是负常数，可表示为 $-M_s = L_{ab} = L_{bc} = L_{ca}$；转子励磁线圈 f 与定子线圈之间的互感随着转子角度 θ 呈余弦变化，假定该互感的最大值为 M_f，则各互感可表示为

$$\begin{cases} L_{af} = M_f\cos\theta \\ L_{bf} = f_f\cos\left(\theta - \dfrac{2}{3}\pi\right) \\ L_{cf} = M_f\cos\left(\theta - \dfrac{4}{3}\pi\right) \end{cases} \quad (5-16)$$

假设转子励磁电流为直流恒定电流 I_f，电场以恒定角速度 ω 旋转，则对于极对数为 1 的同步机有：$d\theta/dt = \omega$，$\theta = \omega t + \theta_0$，其中 θ_0 为零时刻电场的初始角度，则结合式（5-16）可得各相磁链方程为

118

$$\begin{cases} \Phi_a = L_{aa}i_a + L_{ab}i_b + L_{ac}i_c + L_{af}i_f = (L_s + M_s)i_a \\ \qquad + M_fI_f\cos(\omega t + \theta_0) \\ \Phi_b = L_{ba}i_a + L_{bb}i_b + L_{bc}i_c + L_{bf}i_f = (L_s + M_s)i_b \\ \qquad + M_fI_f\cos\left(\omega t + \theta_0 - \dfrac{2}{3}\pi\right) \\ \Phi_c = L_{ca}i_a + L_{cb}i_b + L_{cc}i_c + L_{cf}i_f = (L_s + M_s)i_c \\ \qquad + M_fI_f\cos\left(\omega t + \theta_0 - \dfrac{4}{3}\pi\right) \end{cases} \quad (5-17)$$

取 a 相作为基准相进行研究，若线圈电阻为 R，则 a 相线圈上的电压可表示为

$$u_a = -Ri_a - \frac{\mathrm{d}\Phi_a}{\mathrm{d}t} = -Ri_a - (L_s - M_s)\frac{\mathrm{d}i_a}{\mathrm{d}t} \quad (5-18)$$
$$+ \underbrace{\omega M_fI_f\sin(\omega t + \theta_0)}_{e_a}$$

如式（5-18）所示，定义该式中最后一项为反电动势，则可将其表示为向量形式

$$\vec{V_a} = \vec{E_a} - R\vec{I_a} - \mathrm{j}\underbrace{\omega(L_s + M_s)}_{X}\vec{I_a} \quad (5-19)$$

式中：X 为同步电抗，H。一般情况下同步电抗远大于式中电阻 R，故可将式（5-19）简化为

$$\vec{V_a} - \vec{E_a} - \mathrm{j}X\vec{I_a} \quad (5-20)$$

同理可得 b、c 相的电压、电流相量关系。上述相量关系描述了同步发电机交流侧的电气特性。

储能变流器与同步发电机在一次结构上有较大区别，其简化一次电气结构可表示为图 5-17 所示形式。

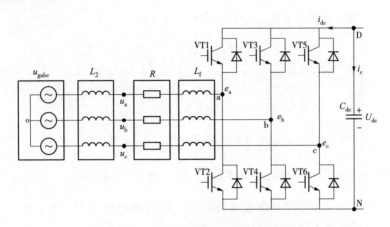

图 5 - 17　储能变流器简化电气结构图

根据图 5 - 17，可得到 a 相电压、电流的相量关系与式 (5 - 20)一致，图中 e_a、e_b 与 e_c 为储能变流器交流侧输出电压，不难看出，该电压与同步发电机的反电动势的作用一致，通过调节该电压幅值和相位，可改变同步发电机/储能变流器交流侧输出电流，进而影响电源与系统的有功功率、无功功率交换。从这一角度看，若储能变流器交流侧输出电压 E 可模拟同步发电机反电动势的特性，即可实现虚拟同步并网运行。

同步发电机的反电动势的特性主要受到其转子运动方程与励磁控制的影响，其中转子运动影响其反电动势的旋转速度，励磁控制则影响其反电动势的幅值大小。为实现储能变流器交流侧输出电压对同步发电机反电动势的模拟，需从同步发电机转子运动与励磁控制两个角度进行分析。

5.5.2 同步发电机的转子运动方程与虚拟同步有功控制

同步发电机的转子运动方程描述了同步机在电磁转矩和机械转矩不平衡情况下的暂态特性。虚拟同步控制中通过对模拟同步机转子运动方程实现其有功、频率调节，为系统提供频率惯性响应。考虑阻尼转矩情况下，取极对数为1，电磁角频率在数值上等于机械角频率均表示为 ω，对应的同步发电机转子运动方程可描述为

$$J\frac{\mathrm{d}\omega}{\mathrm{d}t} = T_\mathrm{m} - T_\mathrm{e} - D(\omega - \omega_\mathrm{N}) \qquad (5-21)$$

式中：ω_N 为同步发电机的额定角频率，rad/s；J 为同步发电机转子的总转动惯量，kg·m^2；T_m 为转子输入机械转矩，N·m；T_e 为电磁转矩，N·m；D 为同步机阻尼转矩对应的阻尼系数，其受机械摩擦、定子损耗和阻尼绕组等多种因素影响。

需指出的是，上述转子运动方程采用了转矩形式进行描述，由于同步机一般运行在额定频率，故也可采用有功形式进行书写

$$J\frac{\mathrm{d}\omega}{\mathrm{d}t} = \frac{P_\mathrm{m} - P_\mathrm{e}}{\omega_\mathrm{N}} - D(\omega - \omega_\mathrm{N}) \qquad (5-22)$$

在频域中对上述公式进行模拟，即可得到储能变流器的有功的虚拟同步控制方式如图 5-18 中虚线框图所示。

在虚拟同步控制策略中，有功功率控制环路是在实现功率控制的同时确保储能变流器不依赖于锁相环而实现与电网同步运行的核心控制环节，即有功功率控制与同步控制相续

一。从图 5-18 中可以看出，当实际的变流器有功功率输出与有功功率基准值出现不平衡时，将通过虚拟惯性环节调节储能变流器交流输出电压的角频率 ω，该角频率通过积分即可得到变流器交流侧输出电压的相位角 θ，图中的比例系数 D 则用于模拟同步发电机转子运动方程中的阻尼系数。此外，通过对图中虚拟惯性系数 J 的调节，可灵活改变储能变流器并网后的频率响应动态，提高电网惯性。

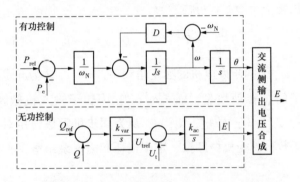

图 5-18　储能变流器的虚拟同步控制框图

5.5.3　同步发电机的励磁控制与虚拟同步无功控制

从式(5-18)中可看出，同步发电机可通过调节励磁电流 I_f 实现对反电动势幅值的调节，进而影响同步发电机向电网注入的无功功率。在实际运行中，同步机输出的无功功率调节电网电压即利用这一原理，具体的实现则依赖于励磁控制系统。图 5-19 给出了同步发电机励磁控制系统的简化框图。图中同步发电机的无功控制为有差调节，n_q 为同步发电机的无功-电压调节的下垂系数。储能变流器由于响应快、调节灵活，其无功控制可在模拟同步发电机的基础上引入积分调节环节，进而实现无功功率控制的无差调节，具体的控制框图如图5‑18中的虚线框图所示。

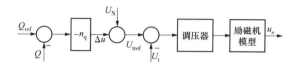

图5‑19　同步发电机励磁控制框图

从上述分析不难看出，变流器的虚拟同步并网控制方式从设计初衷出发，继承了传统同步机的部分电磁暂态特性，对系统暂态过程具有良好的频率动态响应能力。但由于储能变流器从物理本质上于同步机存在差异，这种模拟控制也存在一定的局限。在控制工程领域中，系统的暂态响应是指系统在大扰动下从初始状态到稳定状态变化的过程。在储能变流器运行过程中，不可避免地受到系统中各种扰动的影响，如系统中负荷投切、储能电站有功功率设定值的变化、电网源端出力改变、储能电站无功功率设定变化等，这些扰动都将引发虚拟同步下储能变流器的暂态响应。与传统同步机不同，基于虚拟同步控制的储能变流器本质上是电力电子装置，其暂态耐受功率过载能力相对较差，其虚拟同步控制的设计过程中需考虑设备的硬件约束。目前，储能变流器虚拟同步控制的暂态特性研究仍有诸多关键问题值得深入探索。

6 储能电站监控系统

储能电站监控系统适用于新能源发电配置的储能电站、电网侧调峰调频储能电站、用户侧削峰填谷以及孤岛运行储能电站。储能电站监控系统是一个软硬件平台，除常规供配电设备监控外，还包括储能变流器、电池管理系统，实时控制各储能变流器的充放电功率并优化管理储能电池系统充放电能量，达到响应功率/能量需求以及监控储能系统的目的。储能电站监控系统实现全站各设备、子系统的状态监视与控制，是储能电站统一、有序、安全高效运行的重要保障。

6.1 储能电站监控系统概述

电化学储能电站监控系统是整个储能系统的监控、测量、信息交互和调度管理核心，包含 BMS、PCS、继电保护设备、火灾自动报警系统、视频监视等，各子系统通过局域网和协议与监控系统进行连接。监控系统能实现数据汇总、信息综合分析统计、调度远传、故障显示及监视等功能。

储能电站监控系统主要由储能电站监控系统(SCADA)和能量管理系统(EMS)两部分组成。能量管理系统(EMS)中包含能量管理单元(EMU)和功率管理单元(PMU)等设备，针对不同应用场景，可实现集中或分布式接入的大规模电化学储能电站暂态和稳态能量管理以及提升电网安全稳定性和经济运行能力的多目标能量优化管理。

储能电站监控系统包括电池 SOC 管理、PCS 功率控制、SCADA 和调度管理等负责实现储能系统安全稳定运行的基本功能，以及电网调频、平衡输出、计划曲线、电价管理等负责电网辅助服务的特殊功能。各功能模块不配置独立装置，在同一系统平台上通过不同的界面进行功能实现，使得系统运行更加灵活高效、管理更加便捷，这也是目前储能电站监控系统的发展趋势。为实现上述功能，储能电站监控系统一般包含基础平台、应用软件、人机界面和构架等几个部分。

6.2 储能电站监控系统架构

储能电站在电力系统调度中的层级位置与变电站相当，从储能电站接入后，便于调变体系统一管理和数据快速传输角度出发，储能电站监控系统对上采用 104 规约，对下支持 IEC 61850 标准体系，无缝接入原有调变监控网络，实现高速上下交互、全站无规转、实时控制，提升储能电站控制速度和效率。

储能电站中大部分数据来自 BMS，而大量的数据为非关键性的运维数据。例如以典型 1MWh 的磷酸铁锂电池的 BMS 数据为例，BMS 总数据量为 11174 个，而关键数据仅为 154 个。为了避免大量的运维数据占用宝贵的实时数据带宽的情况出现，针对不同的应用场景，可选择集中式或分层式的监控系统构架。

6.2.1 集中式架构

集中式的监控系统将 PCS、BMS、保测装置等数据统一通过 IEC 61850 网络上送至监控系统主站，实现统一管理、存储和调阅，如图 6-1 所示。这种构架网络拓扑简单，监控系统成本较低，配置方便，在保证监控主站运行效率和网络数据带宽充裕的情况下，可优先考虑采用。集中式架构通常在中小容量的储能电站中采用。

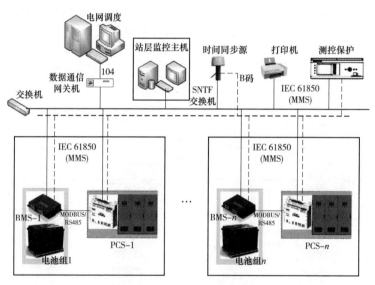

图 6-1 储能电站集中式架构图

6.2.2 分布式架构

分布式的监控系统包括监控主站和就地监控两个层级，如图 6-2 所示。就地监控采集所监视区域内就地设备（包括

PCS、BMS 等)的详细信息，并进行就地存储；就地层设备和监控主站之间的保护控制关键信息，通过 IEC 61850 数据主网络直接交互。监控主站通过 SOA 服务总线与就地监控相连，用户可以在监控主站按需调阅就地监控的画面和数据库，实现对详细数据的查阅、监控。分布式监控系统可解决大型储能电站全数据监视和关键数据快速管控的矛盾。在实现全数据监视、存储的同时，减轻了监控主站及关键数据网络的负担，提升了储能监控的运行效率和可靠性。现阶段国内已建、在建电化学储能电站均采用分布式架构，以全面监控储能电站的安全，本章后续主要介绍分布式架构。

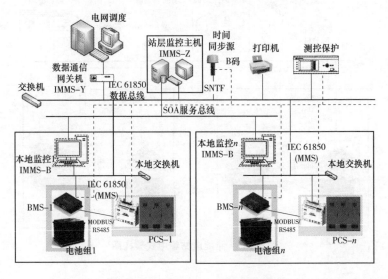

图 6-2　储能电站分布式架构图

按照数字变电站的要求，储能电站监控系统分为站控层、间隔层和过程层。站控层包括监控主机、服务器、数据通信网关机等设备装置；间隔层包括就地监控、测控装置等设备装置；过程层包括变流器、储能元件等设备装置。各层之间通过通信网络连接。典型结构图如图6-3所示。

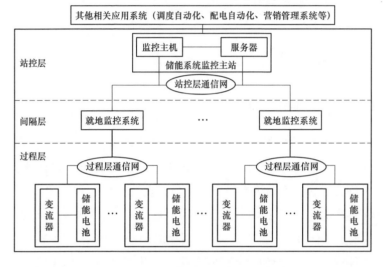

图6-3 储能监控系统结构图

储能系统监控主站提供储能系统运行各系统的人机界面，实现相关信息的收集和实时显示、设备的远程控制、数据的存储、查询和统计等，并可通过网络与储能设备交换信息，与电网调度/监控自动化系统、储能集中监控管理系统进行数据和信息交换。

就地监控系统采集电池系统、交流器的运行状态及运行数据，上传至储能系统监控主站，并接收和执行监控主站的控制命令，对储能元件、变流器等进行就地控制、保护、监测等。就地监控系统硬件包含服务器或工控机、显示器等，采用模块化设计，具备扩展性，应具备运行信息采集、事件记录、对时、远程维护和自诊断、数据存储、通信等功能，功能可通过综合自动化装置或配电自动化终端等装置实现。

其他设备，包括测控保护单元、火灾报警、时钟同步设备等。

6.3 储能监控主站

6.3.1 软硬件配置

1. 系统硬件配置

（1）SCADA 服务工作站。负责整个系统的协调和管理，保持实时数据库的最新最完整备份；负责组织各种历史数据并将其保存在历史数据库服务器。当某一 SCADA 工作站故障时，系统将自动进行切换，切换时间小于 30s。任何单一硬件设备故障和切换都不会造成实时数据和 SCADA 功能的丢失，主备机也可通过人工进行切换。

（2）操作员工作站。完成对电网的实时监控和操作功能，显示各种图形和数据，并进行人机交互，可选用双屏。它为操作员提供了所有功能的入口；显示各种画面、表格、告警信息和管理信息；提供遥控、遥调等操作界面。

（3）前置通信工作站。负责接收各厂站(或用户)的实时数据，进行相应的规约转换和预处理，通过网络广播给计算机监控系统机系统，同时对各厂站发送相应的控制命令。信息采集包括对 RTU(模拟量、数字量、状态量和保护信息)、负控终端等的采集。控制的功能包括遥控、遥调、保护定值和负控终端参数的设定和修改。双前置机工作在互为热备用状态，当其中一台工作站故障时，系统将自动进行切换。SCADA 服务工作站、操作员工作站、前置通信工作站功能可以集成在同一计算机平台实现。

（4）数据网关机（远动工作站）。负责与调度自动化系统进行通信，完成多种远动通信规约的解释，实现现场数据的上送及下传远方的遥控、遥调命令。

（5）五防工作站。五防工作站主要提供操作员对变电站内的五防操作进行管理。可在线通过画面操作生成操作票；在制作操作票的过程中，进行操作条件检测；可在画面上模拟执行操作票；系统可提供操作票模板，在生成新操作票时，只需对操作票模板中的对象进行编辑，就可生成一新操作票。系统还具有操作票查询、修改手段及按操作票按设备对象进行存储和管理功能。可设置与电脑钥匙的通信。

（6）Web 服务器。Web 服务器为远程工作站提供 SCADA 系统的浏览功能。安装配置防火墙软件，确保访问安全性。

（7）远程工作站。通过企业内 Intranet 方式（通过路由器组成广域网）和公众数据交换网 Internet 方式（通过电话线 MODEM 拨号、ISDN 或 DDN 方式），使用 EXPLORE 或其他商用浏览器，实现远程浏览实时画面、报表、事件记录、保护定值、波形和系统自诊断情况。

（8）保信子站。保信子站主要提供保护工程师对变电站内的保护装置及其故障信息进行管理维护的工具，对下接收保护装置的数据，对保护主站上送各种保护信息，并处理主站下发的控制命令。保信子站相关的信息包括保护设备（故障录波器)的参数、工作状态、故障信息、动作信息。

故障录波综合分析提供保护工程师故障分析的工具,作为事故处理、运行决策的依据。故障录波综合分析不仅分析录波数据,还综合考察故障时的其他信号、测量值、定值参数等,提供多种分析手段,产生综合性的报告结果。

(9)通信管理机。负责接收各装置的实时数据,进行相应的规约转换和预处理,通过网络送给计算机监控系统机及保信子站系统,同时接收计算机监控系统机或保信子站的命令,对各保护装置发送相应的控制命令。信息采集包括对四遥数据、保护模拟量、数字量、状态量和保护事件、故障录波信息等。控制的功能包括遥控控制、修改定值、远方复归等。双通信管理机工作在互为热备用状态,当其中一台管理机故障时,系统将自动进行切换。

(10)规约转换器。负责接收装置的实时数据,进行相应的规约转换和预处理,通过指定通信规约送给当地监控系统,同时接收监控系统的命令,对装置发送相应的控制命令。

2. 系统软件配置

监控系统软件由系统软件、支持软件和应用软件组成。系统软件包括但不限于:操作系统、设备诊断程序、整定、调试软件和实时数据库。支持软件包括但不限于:通用和专用的编译软件及其编程环境、管理软件、人机接口软件、通信软件等。应用软件包括但不限于:实时监控、异常告警、控制操作、统计计算、报表打印、网络拓扑着色、高级应用程序等。系统软件的可靠性、兼容性、可移植性、可扩充性及界面友好性等性能指标应满足系统本期及远景规划的要求。

数据库结构应适应分层分布控制的要求，具有可维护性，提供用户访问数据库的标准接口。应用软件应采用结构式模块化设计，功能模块或任务模块应具有一定的完整性、独立性和良好的实时响应速度。

储能电站监控系统软件基于调变一体化统一平台设计，调变一体化系统是一个庞大而复杂的分布式电网自动化系统，将调度系统和各电压等级变电站作为整个调变一体化系统中的节点进行统一管理，实现调度系统和变电站系统的协调和互动，形成覆盖调度和变电的一体化监控体系。为实现调变一体化系统各节点内部以及节点之间的横向与纵向贯通，需要采用基于组件和面向服务体系架构（SOA），以支撑系统各节点内部以及节点之间的信息完全共享、各种应用的分布式一体化实现，达到系统整体架构良好的灵活性与扩展性目标。为了确保开发的阶段性，系统采用"统一的基础平台＋组件式模块"的构建模式，支持各类应用的即插即用，如图6-4所示。

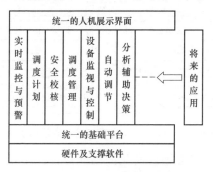

图6-4 组件式构建示意图

在调度端和储能电站端一体化管理的基础上，需要研究基于SOA架构，纵向可以贯通各级调度和储能电站系统、横向上可以贯穿三个安全分区的广域服务总线，系统的各类业务功能均可以在广域服务总线的基础上开展建设。

通过横向服务总线，可以实现系统内各业务功能模块的标准化建设和即插即用，实现各业务功能的"横向协同"；通过纵向服务总线，可以实现上下级调度系统之间、调度和储能电站系统之间，以及储能电站主机和本地监控之间相关业务系统的互联互通，满足信息交互需求，并可以实现系统之间的协调控制及流程化管理。

调变一体化系统的总体架构示意图如图 6-5 所示。

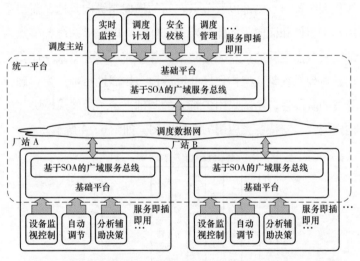

图 6-5　调变一体化系统的总体架构示意图

基础平台应采用层次化的功能设计，能对软硬件资源、数据及软件功能模块进行组织，对应用开发和运行提供环境；基础平台提供公共应用支持和管理功能，能为应用系统的运行管理提供全面的支持。

（1）基于面向服务技术（SOA）的广域服务总线。面向服务、支持实时、准实时和非实时业务的服务总线，基于该总线技术实现调变一体化系统的基础平台架构。

（2）组件技术。组件模型、组件接口结构以及组件和容器与其他组件交互的机制，研究基于组件的裁剪、配置技术，支持应用的即插即用。

（3）公共服务。基于服务总线的公共服务，为各应用的运行和进一步开发提供基础；研究数据、模型、应用等服务注册、请求、提供方式、技术规范和实现方案。

在体系架构上，基础平台包含硬件、操作系统、基于SOA的广域服务总线、各类数据库和文件管理、统一数据访问和各类公共服务等6个层次，采用面向服务和组件化的体系架构，业务可灵活裁剪。基础平台架构示意图如图6-6所示。

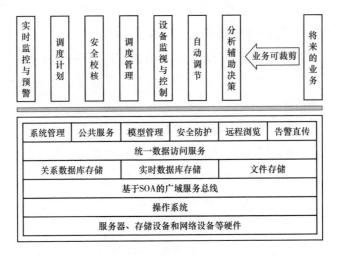

图6-6 调变一体化系统基础平台架构示意图

6.3.2 支撑平台

支撑平台位于操作系统与应用功能之间，实现对所有应用功能的全面、通用服务和支撑，为应用功能的一体化集成提供平台。支撑平台提供以下通用服务：网络数据传输、实时数据处理、历史数据处理、图形界面、报表服务、权限管理、告警、计算等。支撑平台提供标准的服务访问或编程接口，支持用户新应用软件的开发以及第三方软件的集成。

1. 网络数据传输

网络数据传输采用动态平衡双网技术，对底层网络数据传输进行封装，实现服务器和工作站各个节点之间透明的网络数据传输，同时可以监视网络流量、网络传输异常，并自动进行告警。具体应满足以下要求：

（1）网络数据传输应采用 TCP/IP 协议的分布式网络管理软件，可与各种网络设备相匹配。

（2）网络数据传输应提供标准的应用程序接口，上层应用功能和用户开发的软件均通过此接口实现进程之间的透明网络通信。

（3）网络数据传输应能支持单网、双网或单双网混合。

（4）网络数据传输应采用动态双网平衡分流技术，正常工作时采用两个网段同时进行数据传输，异常情况下则通过动态网络路径管理将两种流量合并。

（5）网络数据传输应能监视网络上所有节点的网络通信状态，自动监视和统计网络流量，自动诊断交换机故障和节点网卡故障，并具有网络异常和网卡故障告警功能。

2. 实时数据处理

实时数据处理应采用 C/S 分布式结构，并借鉴 IEC 61970 CIM 数据模型，实现高效的实时数据处理、存取和管理。具体应满足以下要求：

（1）应面向电力设备和网络，借鉴 IEC 61970 CIM 模型建立系统数据模型。

（2）应基于 C/S 模式实现分布式的实时数据库管理。

（3）支持实时态、研究态等多态。

（4）支持多应用：前置、SCADA、电池数据分析等。

（5）实时数据库提供各种访问接口，包括本地接口与网络接口。

（6）应提供简便易用的基于 CIM 模型思想的实时数据库浏览、录入和维护的图形界面，所有的修改操作都有历史记录，以备查询。

（7）应提供 CIM 模型数据智能快速变换、录入和校核功能。

（8）应提供 CIM 模型倒出工具，实现系统之间模型的互换，并具备自动/手动两种手段。

（9）提供基于 CIM 模型的数据检索器。

3. 历史数据处理

历史数据处理主要用于实现系统与商用数据库的交互，实现各种数据在商用数据库中的存储与管理。应满足以下功能：

（1）系统应提供访问历史数据库的接口和相关数据操作工具包，进行历史数据的查询和处理。

（2）对商用数据库的访问应按照三层结构（客户－服务进程－商用数据库），客户进程不能直接访问数据服务器上的商用数据库，必须通过部署在数据服务器上的服务进程实现对商用数据库的访问。

（3）商用数据库中的历史数据类型应至少包括下列内容：量测数据、统计计算数据、状态数据、事件/告警信息、SOE 信息、事故追忆数据、趋势数据及曲线、预测数据、计划数据、应用软件计算结果断面、其他数据。

（4）可灵活定义商用数据库历史采样数据的时间周期。

（5）数据的保存：所有采样数据、事件、告警等信息。

（6）应提供简单方便易操作的数据库备份和恢复工具，能按照表空间进行数据的备份和还原。能方便地在两个商用数据库之间进行数据库中的数据及结构比较功能。提供灵活方便的数据库维护工具。

（7）具有灵活的历史数据统计、分析、处理和显示功能，具有灵活的查询和分析功能。

（8）应具有商用数据库故障隔离与告警功能。

（9）应具有实现对各种历史事件告警数据的查询功能。

（10）商用数据库应具备以下告警功能：商用数据库异常告警、数据库磁盘空间告警、表空间告警、表记录最大个数告警、数据库状态告警。

4. 图形界面

图形界面主要采用图模库一体化技术以及多应用数据切换技术，实现矢量化、多平面、多层次的一体化图形系统。主要的功能包括图形编辑、图元编辑、间隔编辑、图形浏览功能。

系统的人机界面应采用面向对象技术，采用图模库一体化技术，建立多平面多层次矢量化无级缩放图形系统，生成单线图的同时，自动建立网络模型和网络库。

需具备全图形人机界面，画面可以显示来自不同分布服务器节点的数据。系统的所有应用均应采用统一的人机界面。提供方便、灵活的显示和操作手段以及统一的风格。

系统应提供灵活、方便和丰富的图形编辑功能，可以利用系统自备的图元与用户编辑的图元，自主地定制各种接线图、目录、曲线等。

系统应提供按照面向对象的方法设计的基于 CIM 思想的图库一体化技术，提供一套先进的图形制导工具，图形和数据库录入一体化，作图的同时可在图形上录入数据库，使作图和录入数据一次完成，自动建立图形上的设备和数据库中的数据的对应关系。所见即所得，便于快速生成系统。

系统应提供一套的图形应用切换技术。对于一个厂站而言，不需要为每种应用分别绘制一幅图，而是使用同一幅图形，采用多图层技术将不同应用共用的图形元素以及独特的图形元素都画在同一幅图里，在用户调出图形后，根据用户所选择的不同应用，图形系统自动识别显示该应用下的内容。

在一次接线图上可以实现多应用数据的自动比对功能。提供子图的编辑和保存功能：对于系统中各种典型的间隔，可以预先在图形编辑器中编辑生成，保存为子图，作为一个整体直接加入一次接线图进行编辑。提供图形模板的编辑、生成和浏览功能。

快速建设设备图元之间的拓扑关系，快速实现设备图元与数据库之间的关联关系。自动检查和校核图形上连接关系的正确性，实现拓扑关系自动入库，自动生成设备的标注和测点。

5. 报表服务

系统应具有与 Microsoft Excel 类似的报表管理系统，运行于报表工作站上。报表服务器应具有报表定义编辑、显示、存储、打印等功能，具有便于制作电力系统报表的数据定义功能。

可灵活定义和生成时报、日报、周报、月报、季报及年报等，报表的生成时间、内容、格式和打印时间可由用户定义。

6. 权限管理

（1）按照功能、角色、用户、组和属性来构建权限体系。

（2）系统管理员缺省情况下不具有遥控权限。

（3）可以灵活定义责任区，建立责任区、人员、机器之间的关联关系。

7. 告警

（1）能够灵活处理电力系统事故或计算机系统故障时系统产生告警信息源。

（2）具有灵活的告警方式组合。

（3）当告警原因消除后，该告警显示能够自动撤销。

（4）登录告警并由操作员确认。

（5）用户可以预先定义告警事件的类别和级别以及选择告警方式，并提供告警信息的分类、统计、检索和历史存储功能，还可根据用户需要调节告警信息的存储量。

8. 计算服务

计算引擎能够完成用户各种计算功能，使数据库具有动态特性。系统应提供支持 ANSI C 的全 C 语言计算引擎，通过自定义各种 C 语言公式来完成各种计算，在用户不用编程的情况下，能对数据库的点定义特定的计算。用户定义的计算没有限制。

（1）可采用 C 语言内置的标准运算函数，如 abs、三角运算等；可采用 C 语言提供的所有操作符和运算符；提供 C 语言全部的控制结构支持，如 if then else 条件语句、for 循环语句、while 循环语句、switch 分支结构等；支持变量定义、函数调用等 C 语言功能。

（2）可引用数据库中的任何数据进行计算。

（3）计算周期可由用户在线设定或修改。

（4）通过图形拖拽等技术快速方便的生成公式。

（5）应能自动判断公式的定义出错信息。

（6）公式的优先级可自动计算，自动判断公式的先后计算顺序。

（7）应提供公式的正确性校核工具，并在公式修改完成后自动实现校核，并给出相关告警提示。

6.3.3 功能配置

1. 数据采集

系统实时采集各厂站 BMS、PCS、测控装置及子系统的遥测、遥信、电度、保护信号及综合自动化等信息。

141

向各厂站 PCS 及子系统发送各种数据信息及控制命令。

（1）模拟量主要包括：电池的 SOC、SOH、有功功率、无功功率、电流、电压及其他测量值。可设定每个模拟量的死区值范围，仅把超过死区值具备变化的值发送给控制系统，每个模拟量的死区值范围可在工作站通过人机界面设定。

（2）状态量包括：①电池工作状态；②PCS 工作状态；③断路器位置；④事故跳闸总信号；⑤预告信号；⑥隔离开关位置；⑦主保护自动装置动作信号；⑧事件顺序记录；⑨二次设备的运行工况

（3）脉冲量。脉冲量采集各厂站 RTU 脉冲电度量或微机电度量等。

（4）保护及综合自动化信息。系统对 RTU 除完成远动四遥功能之外，对已安装储能电站 PCS 装置、微机保护及综合自动化系统的厂站亦可完成相应的保护数据采集及控制功能。包括：①接收并处理 PCS 状态量；②接收并处理保护开关状态量；③接收并处理保护测量值；④接收保护定值信息；⑤远方传送、设定、修改保护定值；⑥接收保护故障动作信息；⑦接收保护装置自检信息；⑧保护信号复归。

（5）天文时钟及时间处理。SCADA 系统在计算机监控系统接入标准天文时钟，向全网广播统一对时，并定时与各 RTU 远方对时。为系统提供唯一时标。

2. 数据处理

系统实时采集系统中的遥测、遥信、电度等数据，对采集数据进行计算分析、越限告警、合理性检查等处理，并对相关数据进行存储，同时发送各种数据信息及控制命令。主要包括：

（1）具备储能元件和变流器的越限报警、故障统计等数据处理功能。

（2）具备充放电过程数据统计等数据处理功能。

（3）具备对储能系统的遥测、遥信、遥控、报警事件实时数据和历史数据的集中存储和查询功能。

3. 计算与统计

（1）系统应实现计算、统计、检索以及考核等功能。

（2）计算功能应支持多态多应用，同一公式中可支持任何应用的数据计算。采样记录的计算结果应与公式分量完全吻合，对于有分公式的公式计算应考虑先后优先级。

（3）对所采集的所有量包括计算量能进行综合计算，以派生出新的模拟量、状态量、计算量，计算量能像采集量一样进行数据库定义、处理、存档和计算等。

（4）应支持加、减、乘、除、三角、对数、绝对值、日期时间等常用算术和函数运算，无限制的逻辑和条件判断运算，时序运算，触发运算，时段运算以及引用对象状态运算等。

（5）应提供方便、友好的界面供用户离线和在线定义计算量和计算公式。公式定义完毕应能以自动/手动两种方式校验公式正确性和优先级，并给出相关告警。

（6）系统应提供常用的标准计算公式供用户选择使用。包括但不限于：电压、频率及电压合格率计算、最大值、最小值、最大值出现时间、最小值出现时间、平均值统计、负荷率计算、总加计算、有载调压变压器挡位计算（包括 BCD

码或其他方式挡位计算）、负荷超欠值计算、功率因素计算、平衡率计算、电流有效值计算。

（7）统计计算及考核功能。可根据电网目前的频率、电压考核要求，对电压、频率等用户指定的各类分量进行考核统计计算并提供灵活、方便的界面。

（8）能在线修改某计算量的分量及计算公式，并能在线增加计算点。

4. 告警功能

（1）实时告警：系统具备事故信号和异常信号的报警确认与清除、报警查询、自定义报警级别、报警统计分析、报警信息存储等功能，并可通过图形、语音、文字、打印等形式实现，包括越限、变位、事故、工况等报警类型。各种告警信息发生后，各信息被数据库明确分类、归档，可按时间及类型分别检索及处理。各工作站可在线选择各种告警类型是否需要登录、打印和音响报警，可选择事故是否推画面。

（2）历史告警：系统应能按间隔、时间、告警类型、关键字等条件检索告警事件，并支持导出功能。应提供模板定制功能，可按实际使用时的需求定制多种查询模板，以简化查询操作步骤。

（3）事故追忆：系统应能保存断面数据，对储存一定时间范围内的数据进行事故反演。既能由预定义的触发事件自动启动，也支持指定时间范围内的人工启动；触发事件：支持状态变化、测量值越限、计算值越限、测量值突发、逻辑计算为真、操作命令触发条件；能够制定事故前和事故追忆的时间。通过专门的事故反演控制画面，选择已记录的任意时段内电力系统的状态作为反演对象。

5. 与自动化信息系统互联

与调度自动化系统、配电自动化系统、营销管理系统等相关系统互联，实现数据和信息交换。

6. 其他功能

（1）具备对设备运行的各类参数、运行状况等进行记录、统计和查询的功能。

（2）根据系统需要，规定操作员对各种业务活动的使用范围、操作权限等。

（3）用户可根据需要定义各类日报、月报及年报，并具有实时/召唤打印等功能。

（4）系统应具备较强的兼容性，以完成不同类型就地监控系统的接入。

（5）系统应具有扩展性，以满足储能电站规模不断扩容的要求。

6.3.4 通信

结合现代数字化变电站的要求，系统通信网络推荐采用数字化变电站的通信模式。站控层各主机之间应采用以太网组网，通信协议支持 IEC 61850 通信规约，站控层预留以太网接口。站控层与间隔层、过程层之间应采用以太网组网，通信协议支持 IEC 61850 规约。间隔层与过程层之间应采用 CAN/RS485/以太网，通信协议支持 CAN2.0B/MODBUS‐RTU/MODBUS‐TCP 通信协议。过程层之间的变流器、储能元件采用 CAN/RS485，通信协议支持 CAN2.0B/MODBUS‐

RTU 通信协议。监控系统应支持接入站内与其他装置的接口优先采用以太网连接。监控系统宜预留与站内其他系统或智能设备通信接口，包括电能计量系统、电能质量监测系统、视频及环境监控系统和交直流电源系统。

系统主网采用单/双 10/100M 以太网结构，通过 10/100M 交换机构建，采用国际标准网络协议。SCADA 功能采用双机热备用，完成网络数据同步功能。其他主网节点，依据重要性和应用需要，选用双节点备用或多节点备用方式运行。主网的双网配置是完成负荷平衡及热备用双重功能，在双网正常情况下，双网以负荷平衡工作，一旦其中一网络故障，另一网就完成接替全部通信负荷，保证实时系统的 100%可靠性。

6.4 能量管理系统

能量管理作为一个重要的软件模块被集成在监控系统中，采用调度指令和本地指令统一控制，通过切换逻辑，实现远方/就地模式管理；统一指令控制，实现了电站的故障闭锁（包括电池 SOC 故障）和 AGC 指令的耦合。能量管理主要分为有功控制和无功控制，基于多并网点和单并网点模型，进行指令的统一细分，同时支持发电计划曲线模式和本地计划曲线输入模式。

6.4.1 计划曲线

计划曲线功能支持在监控系统中配置灵活的本地运行计划，利用监控系统遥调功能，将提前设置的运行计划下发到受控系统中，实现运行计划的灵活自定义。另外，计划曲线功能可以接收、解析不同调度主站下发的不同格式的远方计划曲线。通过控制远方/就地状态，实现对不同计划曲线的切换。

6.4.2 功率控制

储能监控功率控制系统包括有功功率协调控制模块和电压/无功功率协调控制模块，系统自动接收调度指令或本地存储的计划曲线，采用安全、经济、优化的控制策略，通过对储能变流器(PCS)的调节，有效控制电池组有功功率、无功功率输出，形成对有功功率、电压/无功功率的完备控制体系。

1. 有功功率协调控制功能

大规模储能系统能够快速响应有功功率控制目标，采用优化的控制策略和分配算法，实时控制各 PCS 设备，从而快速、精确调整并网点有功功率。分配算法支持按容量比例分配方式和 SOC 均衡分配方式。

按容量比例分配方式：根据 PCS 额定有功容量作为分配系数进行有功功率目标值比例分配，当所有 PCS 的可发额定有功容量均相同时，即按平均分配方式分配。分配的总有功功率目标值为调度下发的有功功率目标指令或计划曲线目标值。

SOC 均衡分配方式：获取各电池组的 SOC 状态，对于每次充、放电功率，根据各电池组的 SOC 按比例分配给各电池组。充电时，SOC 小的电池组优先充电，充电功率大；放电时，SOC 大的电池组优先放电，放电功率大。

2. 电压/无功协调控制功能

大规模储能系统能够快速响应电压/无功目标指令，采用优化的控制策略和分配算法，实时调整各 PCS 设备无功，从而快速调整并网点无功功率，精确跟踪母线电压目标指令。分配算法采用按等无功备用分配方式。控制流程如下：

（1）根据目标指令方式不同，手动切换电压模式/无功模式。

（2）正常接收主站下发的电压/无功目标指令，当与主站通信中断时，能够按照就地闭环的方式，获取本地计划曲线目标值。

（3）根据电压–无功灵敏度系数将电压目标转换为无功目标，进一步计算全站无功增量需求。

（4）按照优化分配算法自动计算储能电站内各 PCS 对象分配目标值，并下达至各 PCS 电池组分别执行，实现高压侧母线电压跟随控制目标效果。

（5）在储能电站的无功调节能力不足时，发送告警信息。

3. 紧急控制放电功能

电网频率过低或有功严重不足时，储能功率控制系统响应调度紧急控制放电需求，进入紧急控制放电模式，调整 PCS 使全部电池组均处于放电状态，紧急支撑电网频率需求。储能功率控制系统根据 PCS 与电池组运行状态不同自动生成合理调节目标：如果电池组与 PCS 无法支撑满功率放电，则根据电池组或者 PCS 情况进行适量放电或待机；如果电池组与 PCS 可满足满功率放电，则控制 PCS 按照最大功率进行放电。

收到调度下发的退出紧急控制放电模式指令，或紧急控制模式投入时间超出预设控制时间，功率控制系统自动快速退出紧急控制模式，并向 PCS 转发退出指令，结束紧急控制放电功能，进入 AGC 控制模式。

4. SOC 自动维护功能

功率控制系统实时监测储能系统 BMS 提供的各电池组 SOC 实测值。当存在电池组 SOC 值不在正常范围内时，系统控制该电池组进入 SOC 自动维护功能模式，利用缓充、缓放的控制策略对 PCS 下发有功功率调节指令，进行维护性充放电，将 SOC 调整至合理范围内。当电池组 SOC 调节至正常范围内时，控制该电池组继续参与功率跟踪分配。

5. 异常监测触发调节功能

功率控制系统实时监测 PCS、BMS、电池组的通信状况、运行状况，当检测到存在异常情况时，自动触发协调控制系统完成新一轮分配调节，并强制限制异常设备出力为 0 或待机状态，避免由于储能设备异常导致电池组充放电损坏情况。异常情况包括：

（1）PCS 与储能监控系统通信中断。

（2）BMS 与储能监控系统通信中断。

（3）BMS 与 PCS 通信中断。

（4）PCS 设备异常。

（5）电池组 SOC 越限。

（6）电池组充放电闭锁。

6. 闭锁调节功能

控制系统提供完备的闭锁判别功能，包括站级闭锁判别和设备级闭锁判别。

站级闭锁判别包括 AGC 充放电闭锁、AVC 增无功闭锁、AVC 减无功闭锁。站级闭锁触发时，闭锁全站 AGC 或 AVC 调节功能。

设备级闭锁包括 AGC 控制闭锁、AGC 充电闭锁、AGC 放电闭锁、AVC 增无功闭锁、AVC 减无功闭锁。

设备级闭锁触发时,闭锁该单一设备相应功能。站级闭锁保障功率控制系统安全稳定运行,避免系统在故障工况、暂态工况等非正常状态下运行。

设备级闭锁可精确判断单个 PCS、BMS 的正常运行状态和实时调节能力,精细化监测储能设备运行工况,保证功率控制系统的高效运行。

7. 远方模式/就地模式切换功能

功率控制系统支持远方模式和就地模式。远方模式是指控制系统按照主站端发送的有功、电压、无功目标指令控制储能充、放电有功功率、无功功率;就地模式是指按照本地设定或主站提前下发的计划曲线值控制储能充、放电有功功率、无功功率。

远方模式和就地模式支持人工切换和自动切换功能。运行人员可通过手动切换远方/就地软连接片,人工切换远方/就地模式。当控制系统长时间未能收到主站下发的目标指令时,系统可由远方模式自动切换到就地模式,执行本地计划曲线目标。

7 电化学储能电站系统运行
控制技术

　　随着电池及其集成技术的不断发展，应用电化学储
能电站去实现平滑风光功率输出、跟踪计划发电、参与
系统调频、削峰填谷、暂态有功出力紧急响应、暂态电
压紧急支撑等多种应用，已成为一种可行方案。其中关
键问题之一，是掌握大规模电化学储能电站功率控制方
法。作为储能电站的系统控制策略，其关系到站内设备
安全、能量效率、电网稳定性等众多方面。本章主要介
绍电化学储能电站的控制系统架构、AGC/AVC 控制策
略以及协调控制策略，为电化学储能电站运行控制优化
提供参考依据。

7.1　储能电站控制系统架构

7.1.1　系统控制架构

　　电网侧电化学储能电站因其快速的功率指令响应能力和
灵活的出力特性，在调峰、调频、调压、应急响应、黑启动
等方面具有巨大的应用潜力。储能电站具备 AGC、AVC、一
次调频控制、源网荷控制等多种应用功能，能够较好地满足

电网调度的需求。

　　与传统的基于本地监控实现电池充放电控制的用户侧与电源侧储能系统不同,电网侧储能系统具备本地控制和远方调度控制两种模式。本地控制模式下,储能电站监控系统通过读取从调度主站根据当天负荷预测结果下发的充放电计划曲线,对储能电站进行分时段控制,实现调峰功能。在远方调度控制模式下,通过增加储能电站的分区属性,与区域内火电及燃机机组等一同进行所属分区的断面控制,接收省调/地调的 AGC/AVC 控制。其控制系统架构如图 7-1 所示。

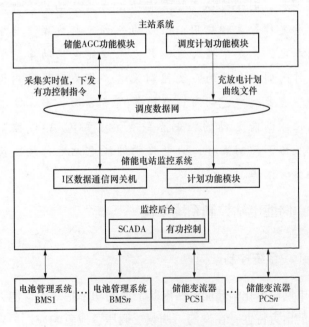

图 7-1　储能电站系统控制架构图

7.1.2　安全控制架构

在储能电站中，电池是重点安全监控对象。关乎电站安全、可能产生隐患的数据，主要来自 BMS 采集的电池故障信息。电池故障信息，是指包含了温度、电流、电压等关键参数的单体、簇、堆层面的非正常数据。电池故障信息按照故障的程度，一般分为一级、二级和三级故障。针对不同等级的故障，EMS、PCS 和 BMS 进行协调配合处理，采取不同的控制动作措施，以避免故障的扩大和实现故障的切除。

正常情况下，监控 EMS 通过监测 PCS 和电池的状态数据，根据故障程度，给 PCS 下发降额或者停机指令，PCS 响应指令消除隐患，即通过第一层 EMS 层保护即可实现。如果在某些非正常状态下，第一层保护失效，那么 PCS 通过自身和 BMS 的通信，同样可实现自主的降额或者停机，即第二层 PCS 层保护。更严苛的情况，第一、二层保护都失效的情况下，故障一般都演化到二、三级，这个时候 BMS 还可以通过切开电池堆的直流侧开关，消除隐患。这就是监控 EMS-PCS-BMS 的三层保护架构，如图 7-2 所示。此外，在三者两两通信中断的情况下，均需实现故障电池堆及相关 PCS 的自动停运，以避免不可监控设备及无序动作行为出现。三层保护架构有效实现了监控系统集中控制和三大监控系统协调机制的统一，最大程度从控制角度消除隐患，保证储能电站安全运行。

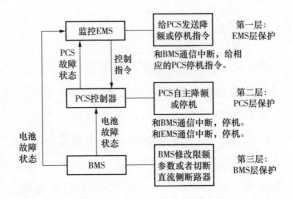

图 7‑2　三层安全架构体图

7.2　AGC

7.2.1　AGC 控制策略

电化学储能电站 AGC 控制模式包含远方和就地模式。远方模式运行时，AGC 功能模块接收远方调度控制指令，并根据调度设置的有功功率进行有功分配，如未收到调度有功功率指令，则按当前有功功率计划曲线进行有功功率分配。就地模式运行时，AGC 仅根据本地有功功率计划曲线进行有功功率的分配。

AGC 运行模式可采用比例分配模式或 SOC 优化控制模式。比例分配模式按照当前每台正常运行的 PCS 的最大可充电功率或最大可放电功率进行比例分配，即

$$P_i = \frac{P_i^{\max}}{\sum\limits_{i=1}^{L} P_i^{\max}} P_t^{AGC} \qquad (7-1)$$

式中：P_i 为储能变流器 i 的功率值，kW；P_i^{max} 为储能变流器 i 的最大可充/放电功率值，kW；L 为储能变流器数量；P_t^{AGC} 为有功功率目标值，kW。

最大可充放电功率应取 PCS 环境温度过高的功率限额值和 BMS 传送的功率限额值中的较小值，考虑到功率控制的实时性，为防止 PCS、BMS 与 EMS 在通信上存在延时差异，应由 PCS 综合本身及 BMS 的功率限额值输出最大可充放电功率上传至站内 AGC 模块。

SOC 优化控制模式是综合考虑最大可充放电功率值与电池堆 SOC 来分配各 PCS 的功率目标值，根据客观需求确定两种因素的权重占比。假设两种因素的权重分别为 ω_p 和 ω_s，和为 1。对于第 i 组 PCS 与电池，其最大可充放电功率值和电池 SOC 先进行归一化再与对应权重相乘，相加后得到该因素的综合值。

$$P_i = \frac{\omega_p f_{pi} + \omega_s f_{si}}{\sum\limits_{i=1}^{L} \omega_p f_{pi} + \omega_s f_{si}} P_t^{AGC} \qquad (7-2)$$

式中：f_{pi} 为第 i 组的最大可充放电功率值与所有组中最大的最大可充放电功率的比值；当计算充电功率目标值时，f_{si} 为 100% 与第 i 组的电池堆 SOC 差值比上 100%，当计算放电功率目标值时，f_{si} 为第 i 组的电池堆 SOC 比上 100%。

7.2.2　AGC 交互信号

调度主站与子站 AGC 交互的信号见表 7-1。

表 7-1   AGC 交互信号

遥调	数据来源	遥控	数据来源
AGC 控制对象有功功率目标值	调度主站	电站 AGC 控制对象调度请求远方投入退出	调度主站
遥测	**数据来源**	**遥信**	**数据来源**
PCS 总台数	AGC 程序	电站 AGC 控制对象充电完成	用户过程
储能电站额定功率	用户过程	电站 AGC 控制对象放电完成	用户过程
储能电站额定容量	用户过程	电站 AGC 控制对象是否允许控制信号	用户过程
可用储能 PCS 总数	AGC 程序	电站 AGC 控制对象AGC 控制远方就地信号	用户过程
电站运行状态	AGC 程序	电站 AGC 控制对象充电闭锁	用户过程
电站 SOC 量测	AGC 程序	电站 AGC 控制对象放电闭锁	用户过程
电站 SOC 上限	AGC 程序		
电站 SOC 下限	AGC 程序		
电站总充电量	用户过程		
电站总放电量	用户过程		
电站当日总充电量	用户过程		
电站当日总放电量	用户过程		
AGC 控制对象有功目标反馈值	AGC 程序		

续表

遥测	数据来源	遥信	数据来源
AGC 控制对象 SOC 量测	AGC 程序		
AGC 控制对象 SOC 上限	AGC 程序		
AGC 控制对象 SOC 下限	AGC 程序		
AGC 控制对象 最大充电功率允许值	AGC 程序		
AGC 控制对象 最大放电功率允许值	AGC 程序		
AGC 控制对象 有功功率实际值	用户过程		
AGC 控制对象 最大功率放电可用时间	AGC 程序		
AGC 控制对象 最大功率充电可用时间	AGC 程序		

以下分别对各信号功能进行详细说明。

1. 遥测

（1）PCS 总台数——储能电站当前配备的 PCS 总台数。

（2）储能电站额定功率——储能电站额定有功功率。

（3）储能电站额定容量——储能电站电池额定容量。

（4）可用储能 PCS 总数——储能电站当前非停机状态

PCS 总台数。

（5）电站运行状态——储能电站当前整站运行状态，
1—停机，2—待机，3—充电，4—放电。

（6）电站 SOC 量测——整站所有电池容量平均值，计算
方法为

$$SOC = \sum_{k=1}^{N_{bms}} SOC_k / N_{bms} \qquad (7-3)$$

（7）电站 SOC 上限——电站可调节的 SOC 上限值。

（8）电站 SOC 下限——电站可调节的 SOC 下限值。

举例对电站 SOC 上限、下限计算方法进行详细说明，见
表 7-2。

表 7-2   SOC 上下限

项目	SOC_1	SOC_2	SOC_3	SOC_4
运行状态	正常	正常	故障	正常
SOC 上限(%)	15	15	15	15
SOC 下限(%)	85	85	85	85
当前 SOC(%)	58	59	60	61

电站 SOC 上限计算

$$SOC_{up} = \frac{85+85+60+85}{4} = 78.75 \qquad (7-4)$$

电站 SOC 下限计算

$$SOC_{down} = \frac{15+15+60+15}{4} = 26.5 \qquad (7-5)$$

（9）电站总充电量——电站运行后总充电量，由各台 PCS
计算后上送，通过用户过程加和后作为电站总充电量上送

数据。

（10）电站总放电量——电站运行后总放电量，由各台
PCS 计算后上送，通过用户过程加和后作为电站总放电量上
送数据。

（11）电站当日总充电量——电站当日总充电量，由各
台 PCS 计算后上送，通过用户过程加和后作为当日总充电量
上送数据。

（12）电站当日总放电量——电站当日总放电量，由各
台 PCS 计算后上送，通过用户过程加和后作为当日总放电量
上送数据。

（13）AGC 控制对象有功目标反馈值——当前整站有功
功率目标值，单位 kW。远方模式时，接收到的有功指令转
换为 kW 数值后上送，就地模式时读取到的计划值转换为 kW
数值后上送。

（14）AGC 控制对象 SOC 量测——计算方法同电站 SOC
量测。

（15）AGC 控制对象 SOC 上限——计算方法同电站 SOC
上限。

（16）AGC 控制对象 SOC 下限——计算方法同电站 SOC
下限。

（17）AGC 控制对象最大充电功率允许值——AGC 控制
对象最大充电功率允许值为各 PCS 上送的最大可充功率值加
和，单位为 kW。其中在以下情况时，认为该 PCS 最大可充
功率为 0：

1）PCS 故障；

2）PCS 通信中断；

3）PCS 除高温告警以外的告警；

4）BMS 故障；

5）BMS 通信中断；

6）SOC 大于等于 SOC 上限。

（18）AGC 控制对象最大放电功率允许值——AGC 控制对象最大放电功率允许值为各 PCS 上送的最大可放功率值加和，单位为 kW。其中在以下情况时，认为该 PCS 最大可放功率为 0：

1）PCS 故障；

2）PCS 通信中断；

3）PCS 除高温告警以外的告警；

4）BMS 故障；

5）BMS 通信中断；

6）SOC 小于等于 SOC 下限。

（19）AGC 控制对象有功功率实际值——AGC 控制对象有功功率实际值为高压侧母线有功功率值，由线路测保测量后，通过用户过程写入该遥测，之后上送遥测数据。

（20）AGC 控制对象最大功率放电可用时间——当前 AGC 控制对象最大放电功率情况下的电站电池的放电可用时间。

（21）AGC 控制对象最大功率充电可用时间——当前 AGC 控制对象最大充电功率情况下电站电池的充电可用时间。

举例对最大功率放电时间及最大功率充电时间计算方法进行详细说明，见表 7-3。

表 7-3 　最大功率放电时间及最大功率充电时间

项目	PCS1	PCS2	PCS3	PCS4	PCS5	PCS6
运行状态	正常	正常	正常	故障	正常	正常
最大可充功率允许值(kW)	500	500	500	0	500	500
最大放电功率允许值(kW)	0	500	500	0	500	500
当前 SOC(%)	45	46	47	48	49	50
SOC 上限(%)	85	85	85	85	85	85
SOC 下限(%)	15	15	15	15	15	15
电池容量(MWh)	1.1	1.1	1.1	1.1	1.1	1.1

最大功率放电时间计算

$$T_{dischrg} = \frac{[(45-0)+(46-0)+(47-0)+(49-0)+(50-0)]/100 \times 1.1MWh}{(500+500+500+500+500)/1000MW} \times 60$$

$$= 62.57min \tag{7-6}$$

最大功率充电时间计算

$$T_{chrg} = \frac{[(100-45)+(100-46)+(100-47)+(100-49)+(100-50)]/100 \times 1.1MWh}{(500+500+500+500+500)/1000MW} \times 60$$

$$= 69.43min \tag{7-7}$$

注：

1）AGC 控制对象 SOC 上限、AGC 控制对象 SOC 下限计算时，故障 PCS 或 BMS 的 SOC 不使用上限与下限参与计算。

2）AGC 控制对象最大功率放电可用时间、AGC 控制对象最大功率充电可用时间的计算中，PCS 故障或 BMS 故障时，不计及充放电时间计算。

3）AGC 控制对象最大功率放电可用时间、AGC 控制对象最大功率充电可用时间的计算中，SOC 低于 SOC 下限的不计及放电时间计算，SOC 高于 SOC 上限的不计及充电时间计算。

4）AGC 控制对象最大功率放电可用时间、AGC 控制对象最大功率充电可用时间的计算中使用的，最大可充功率允许值与最大可放功率允许值不仅仅只是 PCS 上传的数据加和后得到，而是经过 AGC 程序判断 PCS、BMS、SOC 状态后得出的数值。

2. 遥调

AGC 控制对象有功功率目标值——调度主站向子站 AGC 下发的有功功率目标值，子站 AGC 依据该有功功率目标值对站内设备进行调节输出有功功率。

注：

1）储能电站 AGC 参与源网荷控制，当源网荷控制启动时，站内 PCS 立即全部处于满负荷放电状态，5s 之后由 AGC 接管控制 PCS 处于经济运行模式，即按 PCS 上传的最大可放电功率的70%持续放电，当源网荷模式结束后，AGC 自动恢复原来运行模式继续运行。

2）储能电站 AGC 自动判断 AGC 控制超时。当子站 AGC 在 120min 内未接收到新的 AGC 控制对象有功功率目标值后，AGC 自动转入临时就地模式运行，并读取有功功率计划值，读到有功功率计划值则按计划值输出，如未读到计划值则按原功率运行。

162

3. 遥信

（1）电站 AGC 控制对象充电完成——当 AGC 控制对象 SOC 量测大于等于 AGC 控制对象 SOC 上限并且当前电站运行状态为非停机状态时即为充电完成，该信号位置位，否则清零。

（2）电站 AGC 控制对象放电完成——当 AGC 控制对象 SOC 量测小于等于 AGC 控制对象 SOC 下限并且当前电站运行状态为非停机状态时即为放电完成，该信号位置位，否则清零。

（3）电站 AGC 控制对象是否允许控制信号——AGVC 配置中将 AGC 控制模式设置为远方时，该信号位置位，否则清零。

（4）电站 AGC 控制对象 AGC 控制远方就地信号——当 AGC 允许控制信号为置位状态且电站 AGC 控制对象调度请求远方投入退出信号为投入（置位）状态时，该信号位置位，之后 AGC 可直接接收远方调度设置的 AGC 控制对象有功功率目标值。当 AGC 控制模式为就地或电站 AGC 控制对象调度请求远方投入退出信号为清零状态时，该信号位清零。

（5）电站 AGC 控制对象充电闭锁——当 AGC 控制对象 SOC 量测大于等于 AGC 控制对象 SOC 上限时即为充电完成，该信号位置位，否则清零。

（6）电站 AGC 控制对象放电闭锁——当 AGC 控制对象 SOC 量测小于等于 AGC 控制对象 SOC 下限时即为放电完成，该信号位置位，否则清零。

4. 遥控

电站 AGC 控制对象调度请求远方投入退出——对储能电站的 AGC 远方/就地模式进行控制,当该遥控状态为投入时,表示远方调度主站即将下发"AGC 控制对象有功功率目标值",子站 AGC 将根据该有功目标值对站内设备输出有功功率进行控制。

注:

1)当由就地改为远方时,AGC 有功功率不会立即发生改变,直到 AGC 接收到远方调度主站下发的"AGC 控制对象有功功率目标值"后,立即执行该有功功率目标值并对站内设备进行有功功率输出控制。

2)当由远方改回就地时,AGC 立即读取就地计划值进行有功功率控制,如数据库中无计划值时,则维持远方下发的最后一个"AGC 控制对象有功功率目标值"进行站内有功功率控制。

7.2.3 AGC 控制逻辑

子站 AGC 控制逻辑主要包含两部分:调度主站与子站 AGC 控制逻辑、子站 AGC 站内控制逻辑。

调度主站与子站 AGC 控制逻辑具体控制流程框图如图 7-3 所示。

子站 AGC 站内控制逻辑主要为子站 AGC 远方/就地模式判断及站内有功功率分配策略。具体的子站 AGC 站内控制流程框图如图 7-4 所示。

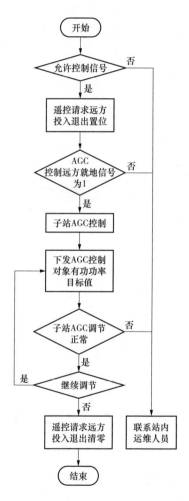

图 7-3　调度主站与子站 AGC 控制流程框图

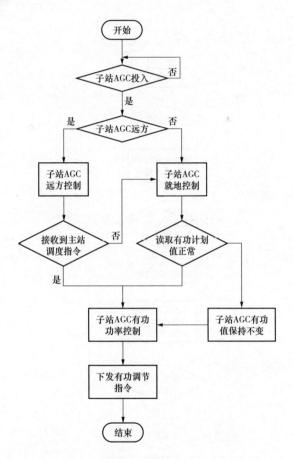

图 7-4 子站 AGC 站内控制流程框图

7.3 AVC

7.3.1 AVC 控制策略

AVC 控制模式包含远方模式和就地模式。远方模式运行时，AVC 功能模块接收远方调度指令，进行无功功率调节，如当前无调度指令下发时，则根据电压计划曲线值进行无功调节和跟踪。就地模式运行时，则 AVC 无功调节仅根据就地电压计划曲线或就地输入，进行无功调节，而不响应调度电压或无功调节指令。

AVC 功能模块通常采用电压控制模式运行，站内 AVC 功能模块需根据电气接线方式进行区别化设计，若储能电站内的各段 10kV 母线是分别接入电网侧变电站的不同段母线，则调度 AVC 主站根据变电站内各段 10kV 母线状态分别下发电压目标值至储能电站 AVC 功能模块。储能电站优先满足有功功率需求，因此单个 PCS 最大可调无功容量 Q_{max} 根据式（7 −8）确定。

$$Q_{max} = \sqrt{S_{over}^2 - P_N^2} \qquad (7-8)$$

式中：S_{over} 为 PCS 允许的长时间允许的过载运行功率，kVA；P_N 为 PCS 的额定有功功率，kW。

7.3.2 AVC 交互信号

调度主站与子站 AVC 交互的信号见表 7−4。

表 7−4 AVC 交互信号

遥测/遥调点	遥信/遥控点
高压侧母线电压目标值	电站 AVC 投入/退出
高压侧母线电压参考值	电站 AVC 子站远方/就地
AVC 无功目标值	电站 AVC 子站增无功闭锁
AVC 无功参考值	电站 AVC 子站减无功闭锁

遥测/遥调点	遥信/遥控点
AVC 子站可增无功	电站 AVC 子站电压/无功控制模式
AVC 子站可减无功	
AVC 子站当前无功总出力	
可提供最大容性无功容量	
可提供最大感性无功容量	

以下分别对各信号功能进行详细说明。

1. 遥测

（1）AVC 子站可增无功——储能电站依据系统总的额定无功容量，并结合储能电站当前的无功功率出力情况，计算出剩余可增无功容量情况。

（2）AVC 子站可减无功——储能电站依据系统总的额定无功容量，并结合储能电站当前的无功功率、有功功率出力情况，计算出剩余可减无功容量情况。

（3）AVC 子站当前无功总出力——储能电站当前输出的无功功率值。

（4）可提供最大容性无功容量——储能电站依据系统总的额定容量，并结合当前无功设备运行状态，计算出当前可提供的最大容性无功功率输出能力。

（5）可提供最大感性无功容量——储能电站依据系统总的额定容量，并结合当前无功设备运行状态，计算出当前可提供的最大感性无功功率输出能力。

（6）高压侧母线电压参考值——子站 AVC 向调度主站

返回接收到的高压侧母线电压目标值。

（7）AVC 无功参考值——子站 AVC 向调度主站返回接收到的 AVC 无功目标值。

注：

1）长旺储能电站 AVC 额定无功功率为 4Mvar + 2.56Mvar，其中 4Mvar 为 SVG 额定无功功率，2.56Mvar 为 PCS 可输出无功功率。

2）为了调节 AVC 不影响 AGC 的有功功率输出，要求 PCS 的无功调节不能影响有功调节。因此单台 PCS 的无功调节能力主要计算方法如下

$$Q_{Npcs} = \sqrt{(1.05 \times 0.5MVA)^2 - (0.5MW)^2} \quad (7-9)$$
$$= 0.16Mvar$$

$$Q_{pcs} = 0.16Mvar \times 16 = 2.56Mvar \quad (7-10)$$

3）AVC 子站可增无功、可减无功的计算方法举例说明如下：

假设当前 SVG 输出无功功率为 2Mvar 且各 PCS 均正常运行，此时计算的可增无功为

$$Q_{inc} = 4Mvar + 2.56Mvar - 2Mvar \quad (7-11)$$
$$= 4.56Mvar$$

可减无功为

$$Q_{dec} = 4Mvar + 2.56Mvar + 2Mvar \quad (7-12)$$
$$= 8.56Mvar$$

4）长旺站 AVC 采用南瑞光差上送的高压侧母线无功功率作为转发上送数据。

5）可提供最大容性无功容量、最大感性无功容量，当SVG 和 PCS 均正常工作时，上送值为站内总额定无功功率；SVG 故障时，剔除 SVG 无功容量；PCS 故障时，剔除相应PCS 无功容量。

2. 遥调

（1）高压侧母线电压目标值——调度主站向子站 AVC下发的母线电压目标值，子站 AVC 依据该电压目标值对站内无功设备进行调节输出无功功率，并自动完成站内高压侧母线电压对该电压目标值的跟踪。

（2）AVC 无功目标值——储能电站依据调度主站下发的AVC 无功目标值，子站 AVC 依据该无功目标值对站内无功设备进行调节输出无功功率，并自动完成站内高压侧母线无功功率对该无功目标值的跟踪。

注：

1）子站 AVC 会判别主站下发的电压目标值范围，当前由 AGVC 程序中设定的范围为 $0.9U_N \sim 1.15U_N$，超过该电压范围时，AVC 不会执行该电压目标设定值。

2）子站 AVC 接收到主站下发高压侧母线电压目标值后，会将 AVC 无功目标值及 AVC 无功参考值设置为 0。子站AVC 接收到 AVC 无功目标值后，会将高压侧母线电压目标值及高压侧母线电压参考值设置为 0。

3. 遥信

（1）电站 AVC 投入/退出——子站 AVC 功能投入/退出设置，仅可通过站内 AGVC 功能配置界面对该状态进行配置。储能电站 AVC 依据该遥信状态，对 AVC 功能投入或退出进行选择。当为退出状态时，储能电站 AVC 不对站内任何设备进行无功控制，同时也不响应调度主站的控制请求。当为投入状态时，储能电站 AVC 为投入运行，对站内无功设备进行无功输出控制。

（2）电站 AVC 子站增无功闭锁——当储能电站 AVC 的可增无功为 0 时，对该遥信状态置位，可增无功大于 0 时，该状态清零。

（3）电站 AVC 子站减无功闭锁——当储能电站 AVC 的可减无功为 0 时，对该遥信状态置位，可减无功大于 0 时，该状态清零。

（4）电站 AVC 子站电压/无功控制模式——当 AVC 为电压控制模式时，对应遥信值为 0，子站 AVC 依据电压计划曲线或高压侧母线目标值，对站内无功设备进行无功控制。当 AVC 为无功模式时，对应遥信值为 1，子站 AVC 仅依据 AVC 无功目标值，对站内无功设备进行无功控制。AGVC 启动后且调度主站未对子站 AVC 下发 AVC 无功目标值或高压侧母线电压目标值时，默认为电压控制模式。

注：

1）当 AVC 程序启动后且无调度下发无功或电压指令时，AVC 自动读取电压计划值，如未设置电压计划值时，认为电压计划值异常，则强制将所有无功设备的无功输出设置为 0。

2）电站 AVC 子站电压/无功控制模式，子站 AVC 启动后默认为电压控制模式。当 AVC 子站接收到调度下发的 AVC 无功目标值时，自动将该位设置为 1，即无功控制模式。当 AVC 子站接收到调度下发的高压侧母线电压目标值时，自动将该位设置为 0，即电压控制模式。

4. 遥控

电站 AVC 子站远方/就地——对储能电站的远方/就地模式进行控制。当该遥控量状态为远方时，调度主站可下发"高压侧母线电压目标值"使储能电站对高压出口侧的电压进行跟随控制；或下发"AVC 无功目标值"使储能电站对高压母线出口侧的无功功率进行控制。

注：

1）当电站 AVC 子站远方/就地由就地改为远方时，子站 AVC 维持原无功输出模式及策略不变，直到接收到调度主站下发正确的电压指令或无功指令后，立即按指令调整站内无功输出。

2）当电站 AVC 子站远方/就地由远方改回就地时，子站 AVC 按电压控制模式，读取 AVC 电压计划值，如无电压计划值则按调度最后一次下发的电压目标值继续跟踪调节站内高压母线电压，如调度最后一次下发的是无功目标值，则 AVC 无电压目标值，即为电压目标值异常，子站 AVC 将站内无功设备的无功输出设置为 0。

7.3.3 AVC 控制逻辑

子站 AVC 控制逻辑主要包含两部分：调度主站与子站 AVC 控制逻辑、子站 AVC 站内控制逻辑。

调度主站与子站 AVC 控制逻辑具体控制流程框图如图 7-5 所示。

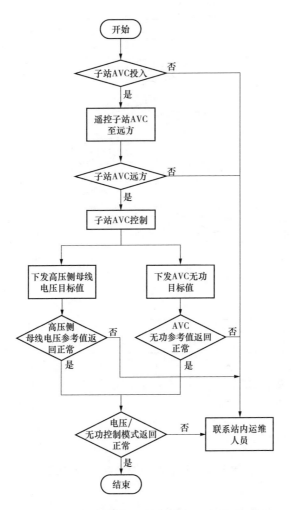

图7‑5　调度主站与子站AVC控制流程框图

　　子站AVC站内控制逻辑主要为子站AVC远方/就地模式判断及站内无功功率分配策略。具体的子站AVC站内控制流程框图如图7‑6所示。

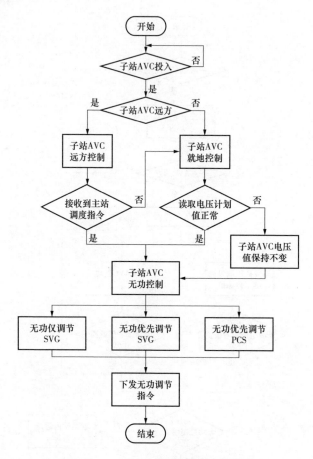

图 7−6 子站 AVC 站内控制流程框图

7.4 储能电站协调控制系统架构与技术

7.4.1 系统架构

储能电站协调控制系统架构如图 7−7 所示，采用"监控主机实现稳态控制＋协调控制器实现暂态控制＋控制命令经协调控制器分发＋全站共网划分 VLAN ＋信息直采"的模式，由储能监控系统、协调控制器、全站所有 PCS、全站所有 BMS 和以太网交换机组成，组成站内星形局域网，交互信息，实现储能电站中 PCS 的启机、停机和储能系统的功率调节功能。功率调节包括站内稳态有功功率调节、稳态无功功率调节、AGC 调节、AVC 调节、一次调频、动态无功调节；其中 AGC 调节、AVC 调节由监控系统接收调度端的调节指令，然后进行站内功率分配并下发遥调指令给协调控制器，协调控制器将遥调指令转发给 PCS 执行；站内稳态功率调节、稳态无功功率调节从监控系统下发遥调指令给协调控制器，然后协调控制器将遥调指令转发给 PCS 执行；一次调频、动态无功调节由协调控制器感应电网频率、电压波动后直接调节 PCS 输出，从而进行快速功率调节。

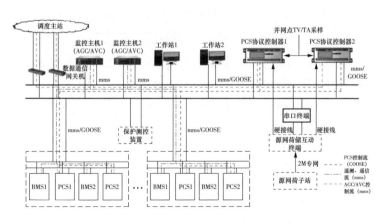

图 7-7 储能电站协调控制系统架构示意图

如图 7-7 所示，储能电站全站配置两台 PCS 协调控制器，互为主备，主备支持自动切换与手动切换，同一时刻只有为"主"的协调控制进行 PCS 调节控制，主要实现一次调频、动态无功调节、源网荷储等毫秒级快速功率调节功能，并转发监控主机对 PCS 的秒级功率调节命令，控制调节优先级为：一次调频 > AGC；动态无功调节 > AVC。PCS 协调控制器是 PCS 调节控制命令的唯一来源，采用 GOOSE 协议进行调节控制，简化 PCS 对控制命令的判断处理逻辑。储能电站的监控主机实现全站一、二次设备的监视，PCS、BMS 的遥测、遥信等信号通过 mms 直接上送监控主机。监控主机实现秒级控制功能，包括 AGC、AVC、本地手动调节等，并将控制命令以 mms 形式转发给 PCS 协调控制器(运行状态)，由协调控制器统一对 PCS 进行控制。源网荷储互动终端通过两副硬接点直接把动作命令发给两台 PCS 协调控制器，由协调控制器(运行状态)统一调节 PCS 进行放电出力，源网荷储的充放电策略由 PCS 协调控制器实现，简化 PCS 的处理逻辑，同时源网荷互动终端通过串口终端与监控主机进行通信。全站使用统一的网络进行传输，网络中 mms、GOOSE 共网，通过 VLAN 划分和优先级设置，保证 GOOSE 的快速通信。

7.4.2 系统功能配置

1. PCS 协调控制器功能配置

（1）PCS 协调控制器具备一次调频、动态无功调节、源网荷储策略的快速功率计算和分配控制功能，相关定值可远方与本地进行整定。

（2）PCS 协调控制器具备多段母线多条出线的自适应运行控制功能，在大容量储能电站中应用时，可以通过采集多段母线的出线电压及电流信号、出线断路器及母线分段开关的状态，实现对于多段母线多条出线主接线配置下，运行中不同连接拓扑的自适应控制。

（3）PCS 协调控制器具备模拟量采集处理功能，直接模拟量采集并网点电流、电压等信号。

（4）至少具备两个百兆及以上网口，通过 GOOSE 方式采集 PCS 的运行状态、实时有功、实时无功、电池组实时 SOC、电池组 SOC 上下限等信息；通过 GOOSE 方式发送 PCS 控制调节命令；通过 mms 方式接收监控主机的稳态控制命令，并将控制命令通过 GOOSE 转发 PCS。

（5）2 台 PCS 协调控制器互为主/备，可自动根据工况切换或手动切换主/备关系，切换过程中保证数据不丢失。

（6）PCS 协调控制器应建立 IEC61850 标准模型，应支持监控主机对其管理和参数设置。

（7）PCS 协调控制器、PCS 的双网机制：处理先到的有效控制命令，丢弃后到的控制命令。

（8）PCS 协调控制器具备硬接点开入，接收源网荷储互动终端的空节点开入。

（9）具备一次调频在线监测功能；且支持 IRIG-B（DC）对时，对时精度优于 1ms。

2. PCS 功能配置

（1）具备 GOOSE 输入、输出功能，能够快速响应 GOOSE 控制调节命令，动态无功调节响应时间（GOOSE 输入到调节命令输出）应优于20ms。

（2）应至少具备两个百兆及以上网口。

（3）PCS 应建立 IEC 61850 模型，包括站控层与过程层两个节点，能够接受监控主机的管理和参数设定。

（4）PCS 宜通过网络方式从 BMS 获取控制相关的信息。

3. 监控主机功能配置

（1）监控主机主机应具备 AGC、AVC 逻辑策略计算功能。

（2）监控主机对两台 PCS 控制器同时下发稳态控制命令。

（3）监控主机应能直接采集 PCS、BMS 的遥测、遥信等信号。

（4）监控主机通过终端串口获取源网荷终端信息，并实现恢复策略功能。

7.4.3　主备 PCS 协调控制器切换技术

PCS 协调控制器具备四种状态：运行、备用、检修、故障。"运行"表示当前为主运状态，装置所有功能及通信状态正常，承担全站 PCS 暂态控制功能和稳态控制指令转发功能；"备用"表示当前为热备用状态，装置能够接收 PCS 上送数据并处理，正常上送实时数据，但不承担控制调节功能，不响应稳态控制命令，不向外发送 GOOSE 控制指令；"检修"表示当前装置检修连接片投入，处于检修测试状态，处于检修状态时不能切换为运行状态；"故障"表示当前装置由于硬件或软件异常为不可用状态，处于故障状态时不上送测量数据，不响应远方遥控命令。同时不能切换为备用或运行状态。

主备 PCS 协调控制器支持人工切换和自动切换。人工切换流程框图如图 7-8 所示，先将"运行"切为"备用"，再将"备用"切为"运行"。自动切换流程框图如图 7-9 与图 7-10 所示。主备装置之间应使用相同的模型、参数和配置(IEDName、IP 地址不同)，同一时刻只能有一台控制器为"运行"状态，装置状态支持自动和人工切换，切换过程中应保证数据不丢失，两台装置之间互相监视对方运行状态，切换逻辑如下：

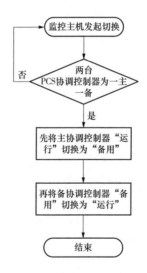

图 7-8 主备 PCS 协调控制器手动切换流程框图

（1）双套配置的装置互相监视，通过 GOOSE 报文交互状态信息，同时相互监视心跳信息，心跳信息通过站控层网络发送。

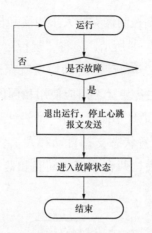

图 7-9 "运行"装置状态切换逻辑框图

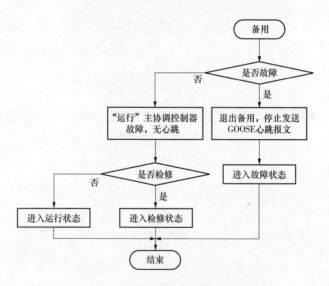

图 7-10 "备用"装置状态切换逻辑框图

（2）当处于"运行"状态的装置由于自身硬件或软件异常发生故障时，应自动退出运行状态。处于"备用"状态的

180

装置若未投入检修且无自检故障，同时监测到"运行"状态装置不再发送心跳信息，则可通过自动方式将备用状态切换为运行状态，切换逻辑框图如图7-9所示。

（3）当处于备用状态的装置投入检修或者发生故障时，应闭锁"切换为运行状态"，切换逻辑框图如图7-10所示。

（4）状态自动切换时应避免出现装置都处于"运行"状态的双主模式。

（5）监控主机同时向两台PCS控制器下发稳态控制指令。

8 电化学储能电站继电保护与安全自动装置技术

一方面，储能电站的线路、变压器等设备应配置可靠的保护装置，在规定范围内发生故障时应能可靠地、有选择性地切除故障。另一方面，储能电站应配置涉网保护及安全自动装置，在检测到电网侧的短路故障和缺相故障，应能迅速将其从电网侧断开。本章将介绍储能电站的继电保护与安全自动装置技术，主要包括相关元件保护、防孤岛保护、频率电压紧急控制、源网荷储控制、故障录波装置及继电保护故障信息系统。

8.1 元件保护

8.1.1 线路保护

储能电站中包含储能出线和汇集进线两种线路，相应配置储能出线线路保护和汇集进线线路保护，用于在该线路上发生的故障时作用于本侧断路器跳闸切除故障。两种线路保护在配置上的区别在于储能出线线路保护根据技术规程采用带差动保护的线路保护。

GB/T 14285—2006《继电保护和安全自动装置技术规

程》第4.4.2.2条规定：短线路、电缆线路、并联连接的电缆线路宜采用光纤电流差动保护作为主保护，带方向或不带方向的电流保护作为后备保护。Q/GDW 1564—2014《储能系统接入配电网技术规定》第9.3.2条规定：采用专线方式通过10（6）~35kV电压等级接入的储能系统宜配置光纤电流差动保护或方向保护，在满足继电保护"选择性、速动性、灵敏性、可靠性"要求时，也可采用电流、电压保护。储能电站与电网侧变电站通过短电缆线路相连，为此宜配置带保护线路全长的差动保护的线路保护。储能出线线路保护主要配置了差动保护。

1. 电流差动保护

电流差动保护的动作逻辑是：当电流差动保护正常投入，保护启动条件满足并收到对侧允许信号，任一相差动元件动作则差动保护动作。

差动保护一般采用比率制动特性，其动作方程为

$$\begin{cases} I_{d\phi} = |\dot{I}_{M\phi} + \dot{I}_{N\phi}| \\ I_{r\phi} = |\dot{I}_{M\phi} - \dot{I}_{N\phi}| \\ I_{d\phi} > I_{DIF} \\ I_{d\phi} > kI_{r\phi} \\ \phi = A, B, C \end{cases} \qquad (8-1)$$

式中：$I_{d\phi}$为差动电流，为线路两侧电流矢量和的幅值，A；$I_{r\phi}$为制动电流，为两侧电流矢量差的幅值，A；I_{DIF}为差动动作电流定值，A；k为比率制动系数。

电流差动保护的构成如图8-1所示。

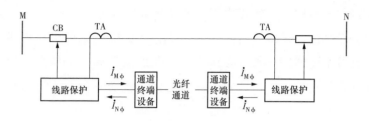

图 8－1　电流差动保护构成示意图

电流差动保护主要功能有：

（1）分相式电流差动保护。

（2）具有 TA 断线闭锁功能。

（3）具有 TA 饱和检测功能。

（4）具有双通道冗余功能，两个通道可分别采用专用或复用方式。

（5）经由保护的通信通道可传送"远跳"命令和"远传"命令。

2. 过电流保护

过电流保护包括一段瞬时电流速断保护和一段定时限过电流保护，两段可根据实际需要选择是否经复压闭锁和是否经方向闭锁。任一段定时限过电流保护经电压或经方向闭锁投入，当母线 TV 断线时自动退出该段过电流保护，未经电压或方向闭锁的定时限过电流段不受母线 TV 断线影响。

瞬时电流速断保护反应于短路电流幅值增大而瞬时动作的电流保护，可不带时限，为了保证选择性，一般只能保护线路的一部分，动作值应躲过本线路末端的最大三相短路电流。定时限过电流保护作为后备保护需要反映线路上可能出现的各种故障，将正常运行与故障状态灵敏地区分开，需有较高的灵敏度。定时限过电流保护的保护范围包括本线路及下一线路全长，既作为本线路的近后备，也作为下级线路的远后备。由于定时限过电流保护需区分正常运行与故障状态，其动作电流通常应大于该线路上可能出现的最大负荷电流。

过电流保护的动作逻辑是：当该段过电流保护正常投入，保护启动条件满足，同时过电流元件、方向元件、复压闭锁元件、时间元件达到动作条件，则过电流保护动作。

（1）过电流元件。每相电流分别和各段电流定值比较，当电流大于定值，过电流元件动作。以瞬时电流速断保护为例，过电流元件的动作条件表达式为

$$\max(I_A, I_B, I_C) > I_{dz1} \qquad (8-2)$$

式中：I_{dz1} 为瞬时电流速断保护定值，A。

（2）方向元件。方向元件通常采用 90° 接线方式，方向元件和电流元件接成按相启动方式。方向元件带有记忆功能，可消除近处三相短路时方向元件的死区。

（3）复压闭锁元件。复压闭锁元件用于防止过电流元件误动，其动作判据为

$$\min(U_{AB}, U_{BC}, U_{CA}) < U_{dz} \text{ 或 } U_2 > U_{2dz} \qquad (8-3)$$

式中：U_{AB}、U_{BC}、U_{CA} 三个为线电压，V；U_{dz} 为线电压闭锁定值，V；U_{2dz} 为负序电压闭锁定值，V。

3. TV 断线相过电流保护

TV 断线相过电流保护的动作逻辑是：任一段过电流保护经电压或经方向闭锁投入，母线 TV 断线时自动投入 TV 断线

相过电流保护，若过电流保护都未经电压或方向闭锁，则 TV 断线相过电流保护固定退出。

4. 加速保护

当线路投运或恢复供电时，线路上可能存在故障。在此种情况下，通常希望保护能在尽可能短时间内切除故障，而不是经定时限过电流保护来切除故障。为此设置加速保护，包括过电流加速保护和零序加速保护各一段，可实现手合加速及保护加速功能。

（1）过电流加速保护。过电流加速保护比较每相电流和电流定值，当任一相电流大于定值，且满足动作时间，则过电流加速保护动作。可选择是否经复压闭锁，当投入复压闭锁元件时，TV 异常会退出保护，并自动投入 TV 断线相过电流保护。如果电压闭锁元件未投入，过电流加速保护动作逻辑不受 TV 异常的影响。

（2）零序加速保护。零序加速保护比较零序电流和零序电流加速段定值，当零序电流大于定值，且满足动作时间，则零序加速保护动作。

5. 过负荷保护

过负荷保护用于监视三相负荷电流，比较每相电流与过负荷电流定值，当电流大于定值同时满足动作时间，发告警信号。

8.1.2 站用变压器保护

站用变压器高压侧带断路器时通常配置站用变压器保护，切除站用变压器故障时跳开两侧断路器切除故障。站用变压器保护配置过电流保护和过负荷保护，其中过负荷与线路保护过负荷原理相同。

过电流保护由瞬时电流速断保护、限时电流速断保护、定时限过电流保护三段组成。其中瞬时电流速断保护和定时限过电流保护原理与上述相同，瞬时电流速断保护按最大运行方式下躲过站用变压器低压侧三相短路时的最大短路电流整定，定时限过电流保护按可靠躲过额定电流整定，按站用变压器低压侧两相短路故障时有一定灵敏度考虑。

限时电流速断保护用于切除速断保护范围以外的故障，同时也作为速断保护的后备。该保护电流定值按最小运行方式下，站用变压器低压侧两相短路故障时有一定灵敏度整定。

8.2 防孤岛保护

当储能电站发生非计划孤岛现象（非计划、不受控地从主网脱离后继续孤立运行的状态）时，电压和频率会失去控制，影响电能质量，损害电网运行设备；电网系统和储能电站运行不同步，自动重合闸将会产生较大的冲击电流，从而损坏电力设备；孤岛状态下一些被认为已经和所有电源都断开的线路可能会带电，进而可能危及电网线路维护人员和用户的生命安全。因此储能电站应具备防非计划性孤岛保护功能，快速检测孤岛后断开与电网连接，并与电网侧送出线路保护相配合。当系统发生扰动，储能电站脱网后，在电网电压和频率恢复到正常范围之前，储能电站不允许并网。

Q/GDW 1564—2014《储能系统接入配电网技术规定》第9.3.4条和NB/T 33015—2014《电化学储能系统接入配电

网技术规定》第9.4规定：非计划孤岛情况下，储能电站应在2s内与配电网断开。但由于非计划孤岛发生后，其电压和频率一般会偏离正常运行值，因此还需满足标准中有关电压和频率要求。现有防孤岛保护装置主要配置了过电压/低电压保护（两段）、低频/过频保护（两段）、频率滑差保护（一段）等保护功能。防孤岛保护应包含过电压、低电压，以及过频、低频保护功能，在2s内将储能电站与电网断开。

1. 过电压保护

过电压保护一般为两段配置，其动作逻辑是：当过电压保护正常投入，保护启动条件满足，任一相的过电压元件动作则过电压保护延时动作。

两段过电压保护的动作方程为

$$\begin{cases} U_\phi^{I} \geqslant U_{set}^{I} \\ t^{I} = t_{set}^{I} \\ \phi = A,B,C \end{cases} \text{和} \begin{cases} U_\phi^{II} \geqslant U_{set}^{II} \\ t^{II} = t_{set}^{II} \\ \phi = A,B,C \end{cases} \quad (8-4)$$

2. 低电压保护

低电压保护与过电压保护类似，也是两段配置，为防止其误动，其动作逻辑稍有不同。低电压保护的动作逻辑是：当过电压保护正常投入，保护启动条件满足，判断母线曾经有压，任一相的低电压元件动作则低电压保护延时动作。

两段低电压保护的动作方程为

$$\begin{cases} U_\phi^{I} \leqslant U_{set}^{I} \\ t^{I} = t_{set}^{I} \\ \phi = A,B,C \end{cases} \text{或} \begin{cases} U_\phi^{II} \leqslant U_{set}^{II} \\ t^{II} = t_{set}^{II} \\ \phi = A,B,C \end{cases} \quad (8-5)$$

3. 低频保护

低频保护为两段配置。为防止系统故障时引起的电压、频率的急剧下降，可能导致低频防孤岛保护的误动，投入滑差闭锁和低电压闭锁低频防孤岛保护功能。

低频保护的动作逻辑是：当低频保护正常投入，保护启动条件满足，低电压闭锁元件和滑差闭锁元件开放，低频元件动作则低频保护延时动作。

两段低频保护的动作方程为

$$\begin{cases} f^{\mathrm{I}} \leqslant f^{\mathrm{I}}_{\mathrm{set}} \\ t^{\mathrm{I}} = t^{\mathrm{I}}_{\mathrm{set}} \end{cases} \text{或} \quad \begin{cases} f^{\mathrm{II}} \leqslant f^{\mathrm{II}}_{\mathrm{set}} \\ t^{\mathrm{II}} = t^{\mathrm{II}}_{\mathrm{set}} \end{cases} \tag{8-6}$$

4. 高频保护

高频保护为两段配置，其动作逻辑是：当高频保护正常投入，保护启动条件满足，高频元件动作则高频保护延时动作。

两段高频保护的动作方程为

$$\begin{cases} f^{\mathrm{I}} \geqslant f^{\mathrm{I}}_{\mathrm{set}} \\ t^{\mathrm{I}} = t^{\mathrm{I}}_{\mathrm{set}} \end{cases} \text{或} \quad \begin{cases} f^{\mathrm{II}} \geqslant f^{\mathrm{II}}_{\mathrm{set}} \\ t^{\mathrm{II}} = t^{\mathrm{II}}_{\mathrm{set}} \end{cases} \tag{8-7}$$

5. 频率滑差保护

频率滑差保护为单段配置，其动作逻辑是：当频率滑差保护正常投入，保护启动条件满足，频率滑差元件动作则频率滑差保护延时动作。

频率滑差的动作方程为

$$\begin{cases} \dfrac{\mathrm{d}f}{\mathrm{d}t} \geqslant \left(\dfrac{\mathrm{d}f}{\mathrm{d}t}\right)_{\mathrm{set}} \\ t = t_{\mathrm{set}} \end{cases} \tag{8-8}$$

6. 频率超限告警

频率超限检查采用母线电压频率作为判据，当频率大于 55Hz，或者频率小于 45Hz 时，延时发频率超限告警信号。

8.3 频率电压紧急控制

电力系统对电网的电压和频率要求很高，电压、频率不仅是衡量电能质量的重要指标，也是保证电网安全稳定运行的关键。电力系统电压和频率的偏移，都可能给电厂以及相关用户带来严重的后果。因此，为降低电网电压和频率的正常偏移给电网和相关用户带来的损失和影响，在储能电站中安装频率电压紧急控制装置，解列点设置在储能电站升压变电站高压侧，根据频率、电压事故情况实现过频过电压切机、压出力、解列等措施保证系统的安全。目前常见的频率电压紧急控制装置通常配置有低频减载、低压减载、过频跳闸、过电压跳闸等功能。

1. 低频减载原理

低频减载的动作逻辑是：当低频减载功能正常投入，低频启动条件满足，同时低电压闭锁元件、滑差闭锁元件、频率值异常闭锁元件达到动作条件，则低频减载出口动作。

低频减载的判别式：

$$f \leqslant f_{qls}、t \geqslant t_{fqls} \qquad 低频启动$$

$$\downarrow f \leqslant f_{ls1}、t \geqslant t_{fls1} \qquad 低频第一轮动$$

$$若\ df_{ls1} \leqslant -\frac{df}{dt} < df_{ls2}、t \geqslant t_{fld1} \qquad 低频切第一轮，加速切第$$

二轮

若 $\mathrm{d}f_{ls2} \leqslant -\dfrac{\mathrm{d}f}{\mathrm{d}t} < \mathrm{d}f_{ls3} \, 、 t \geqslant tf_{ld2}$　　低频切第一轮，加速切第

二、三轮

$\downarrow f \leqslant f_{ls2} \, 、 t \geqslant tf_{ls2}$　　　　低频第二轮动作

$\downarrow f \leqslant f_{ls3} \, 、 t \geqslant tf_{ls3}$　　　　低频第三轮动作

$\downarrow f \leqslant f_{ls4} \, 、 t \geqslant tf_{ls4}$　　　　低频第四轮动作

$\downarrow f \leqslant f_{ls5} \, 、 t \geqslant tf_{ls5}$　　　　低频第五轮动作

以上五轮按箭头顺序动作（注：不同厂家设置的低频动作轮数可能有所不同）。

为防止负荷反馈、高次谐波、电压回路接触不良等异常情况下引起装置低频误动作，一般有以下闭锁元件：

（1）低电压闭锁元件。低电压闭锁元件的动作条件表达式为

$$\min(U_{AB}, U_{BC}, U_{CA}) \leqslant U_{dz} \qquad (8-9)$$

式中：U_{dz} 为低电压闭锁元件定值，若满足上述条件，则不进行低频判断，闭锁出口。

（2）滑差闭锁元件。滑差闭锁元件的动作条件表达式为

$$-\frac{\mathrm{d}f}{\mathrm{d}t} \geqslant \mathrm{d}f_{ls3} \qquad (8-10)$$

式中：$\mathrm{d}f_{ls3}$ 为低电压闭锁元件定值，若满足上述条件，则不进行低频判断，闭锁出口。

（3）频率值异常闭锁。当 $f < 33\,\mathrm{Hz}$ 或 $f > 65\,\mathrm{Hz}$（一般装置内部固化该定值）时，认为测量频率值异常，不进行低频判断，并立即闭锁出口。

2. 低压减载原理

低压减载的动作逻辑是：当低压减载功能正常投入，低压

启动条件满足，同时低电压闭锁、短路故障闭锁、电压突变闭锁、TV 断线闭锁元件达到动作条件，则低压减载出口动作。

低压自动减载的判别式：

$$U \leqslant u_{qls} \text{、} t \geqslant t_{uqls} \qquad \text{低压启动}$$

$$\downarrow U \leqslant u_{ls1} \text{、} t \geqslant t_{uls1} \qquad \text{低压第一轮动作}$$

若 $du_{ls1} \leqslant -\dfrac{du}{dt} < du_{ls2} \text{、} t \geqslant t_{uld1}$ 低压切第一轮，加速切第二轮

若 $du_{ls2} \leqslant -\dfrac{du}{dt} < du_{ls3} \text{、} t \geqslant t_{uld2}$ 低压切第一轮，加速切第二、三轮

$$\downarrow U \leqslant u_{ls2} \text{、} t \geqslant t_{uls2} \qquad \text{低压第二轮动作}$$

$$\downarrow U \leqslant u_{ls3} \text{、} t \geqslant t_{uls3} \qquad \text{低压第三轮动作}$$

$$\downarrow U \leqslant u_{ls4} \text{、} t \geqslant t_{uls4} \qquad \text{低压第四轮动作}$$

$$\downarrow U \leqslant u_{ls5} \text{、} t \geqslant t_{uls5} \qquad \text{低压第五轮动作}$$

以上五轮按箭头顺序动作（注：不同厂家的低压动作轮数可能有所不同）。

为防止短路故障、负荷反馈、TV 断线、电压回路接触不良等电压异常情况下引起装置低频误动作，一般有以下闭锁措施：

（1）短路故障闭锁。当系统发生短路故障时，母线电压突然降低，此时本装置立即闭锁，不再进行低电压判断。

（2）电压突变闭锁。滑差闭锁元件的动作条件表达式为

$$-\frac{du}{dt} \geqslant du_{ls3} \qquad (8-11)$$

式中：du_{ls3} 为低电压闭锁元件定值，若满足上述条件，则不进行低电压判断，闭锁出口。

（3）TV 断线闭锁。当装置检测到一段母线 TV 断线时将低电压元件输入电压自动切换到另一段母线电压，则不进行低电压判断，并立即闭锁出口。

3. 过频跳闸原理

过频跳闸的动作逻辑是：当过频跳闸功能正常投入，过频启动条件满足，同时低电压闭锁、滑差闭锁、频率值异常闭锁元件达到动作条件，则过频跳闸出口动作。

过频跳闸的判别式：

$$f \geq f_{qhs} 、t \geq t_{fqhs} \qquad 过频启动$$

$$\uparrow f \geq f_{hs1} 、t \geq t_{fhs1} \qquad 过频第一轮动作$$

$$\uparrow f \geq f_{hs2} 、t \geq t_{fhs2} \qquad 过频第二轮动作$$

$$\uparrow f \leq f_{hs3} 、t \geq t_{fhs3} \qquad 过频第三轮动作$$

以上三轮按箭头顺序动作（注：不同厂家的低频动作轮数可能有所不同）。

为防止高次谐波、电压回路接触不良等异常情况下引起装置过频误动作，一般有低电压闭锁、滑差闭锁、频率值异常闭锁元件，其中低电压闭锁、频率值异常闭锁元件与上述一样，不再赘述。

滑差闭锁元件的动作条件表达式为

$$\frac{df}{dt} \geq df_h \qquad\qquad (8-12)$$

式中：df_h 为过频滑差闭锁定值，若满足上述条件，则不进行过频判断，闭锁出口。

4. 过电压跳闸原理

过电压跳闸的动作逻辑是：当过电压跳闸功能正常投入，过电压启动条件满足，同时过电压元件动作，则过电压跳闸出口动作。

过电压元件的判别式：

$$u \geqslant u_{\text{qhs}} \,\text{、}\, t \geqslant t_{\text{uqhs}} \qquad\qquad 过电压启动$$

$$\uparrow u \geqslant u_{\text{hs}} \,\text{、}\, t \geqslant t_{\text{uhs}} \qquad\qquad 过电压动作$$

8.4 源网荷储控制

为支撑大电网安全稳定运行，有条件省份的电网侧电化学储能电站将被纳入电力系统新型安全稳定控制系统"精准切负荷控制系统"（以下简称精切系统）中。在特高压直流线路或省级交流联络线输送功率出现大幅下跌时，受端电网精切系统可通过多层级控制设备的级联动作，快速切除相应容量的可中断负荷（主要为非重要工业用户），避免了传统稳控系统"一刀切"模式对居民及重要电力用户的不利影响，有效满足了保障电网安全和提升优质服务的双重需求。电网侧电化学储能电站作为终端执行站接入精切系统后，可通过快速功率响应实现对电网的紧急功率支撑；与可中断负荷不同的是，储能电站在收到精切系统动作指令后立即按最大功率放电，而不是跳储能电站进/出线开关。

源网荷储系统是一种包含"电源、电网、负荷、储能"整体解决方案的运营模式，可精准控制社会可中断的用电负荷和储能资源，提高电网安全运行水平，可解决清洁能源消纳过程中电网波动性等问题。

电化学储能电站具备运行状态快速转变的能力，可实现从负荷到电源的毫秒级转变，从而对电网频率起到紧急调节的倍增作用。在站内安装一个源网荷互动终端，将其通过调度数据网光纤通道接入源网荷储精准切负荷系统，实现快速响应上级精准切负荷指令。

源网荷储精准切负荷系统对可中断负荷、可利用储能进行友好精准控制，解决因特高压/超高压直流故障等大功率失去后断面越限、联络线超用、旋转备用不足等问题，采用秒级/分钟级应急处置策略，确保电网安全有序可靠供电。精准切负荷系统由控制中心站、控制子站、就近变电站、负控终端组成。

控制中心站主要功能是接收协控总站切负荷容量命令，结合本站频率防误判据，切除本地区负荷；就地判断低频，分六轮按层级切除负荷。

控制子站主要功能是接收控制中心站切负荷层级命令，结合本站频率防误判据，切除对应层级负荷。就近变电站主要安装光电转换装置，无稳定控制装置，主要功能是接收控制子站并向负控终端发送切负荷命令。

负控终端安装在用户侧变电站和储能电站侧，主要功能是接收就近变电站光电转换装置发来的切负荷命令并通过以太网口发送至源网荷互动终端；源网荷互动终端的主要功能是统计本终端可切负荷总量并上送至对应控制子站，并执行切负荷命令。

当电网故障，终端接收到精准切负荷系统发出的储能电站放电命令后，输出一组硬接点至 PCS 的主机，PCS 检测到该硬接点闭合后，立即转为满功率发电状态，实现对电网的毫秒级支撑。当电网故障恢复后，精准切负荷系统发出负荷恢复命令，终端接收负荷恢复命令后，以通信方式将该命令发送至储能电站 EMS，由 EMS 控制 PCS，将储能电站恢复至正常运行状态。终端与 EMS 采用 IEC104 规约通信，与 PCS 之间采用干接点连接，使 PCS 可靠快速实现功率反转，如图 8‑2 所示。

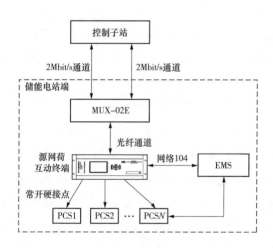

图 8‑2　储能电站精准切负荷系统结构图

电网侧储能电站应在确保设备安全的前提下，接受源网荷储系统控制，具体策略如下：

（1）精切系统指令优先级高于一次调频指令和 AGC 指令，稳控终端接收到切负荷命令后，由稳控终端同时向 PCS 和 EMS 发送指令，PCS 接收稳控终端硬接点信号，EMS 接收稳控终端网络信号。EMS 收到稳控终端动作信号后 EMS 禁止

PCS 发充电命令，PCS 在接收到稳控终端硬接点信号后以短时允许过载功率进行最大功率放电 1s，1s 后转为 EMS 根据 PCS 与电池状态最大可放功率运行，放电时间持续至 SOC 下限值。

（2）现场运维人员根据调度指令执行稳控终端信号复归操作，稳控终端转发复归信号至 EMS 系统，EMS 系统接收复归信号后，由一次调频或 AGC 进行控制储能电站。

（3）稳控终端采集 EMS 发送的全站当前最大可放电功率变化量 ΔP（充电为正，放电为负），$\Delta P = P_1 - P_2$（其中，P_1 为当前功率，P_2 为当前最大可放电功率，P_1、P_2、ΔP 单位 kW）。

（4）当人为复归终端切负荷指令时，终端向 EMS 发负荷恢复指令，EMS 由一次调频或 AGC 控制储能电站。

电化学储能电站具备运行状态快速转变的能力，可实现从负荷到电源的毫秒级转变，从而对电网频率起到紧急调节的倍增作用。在站内安装一个源网荷互动终端，将其通过调度数据网光纤通道接入源网荷精准切负荷系统，实现快速响应上级精准切负荷指令，同时与储能电站 EMS 系统通信及控制 PCS 动作。终端与 EMS 采用 IEC 104 规约通信，与 PCS 之间采用干接点连接，使 PCS 可靠快速实现功率反转。

内源网荷系统具体控制策略：源网荷互动终端接收到切负荷指令后，同时向 PCS 和 EMS 发送指令，PCS 接收到硬接点信号后以短时允许过载功率进行最大功率放电 1s，1s 后由 EMS 根据 PCS 与电池状态控制以最大可放电功率运行，直至达到 SOC 下限。当人为复归终端切负荷指令时，终端向 EMS

发负荷恢复指令，EMS 由一次调频或 AGC 控制储能电站。

8.5 故障录波装置及继电保护故障信息系统

8.5.1 故障录波装置

故障录波装置是一种用作记录和分析电网故障的设备。当储能电站中发生故障时，利用装设的故障录波装置，可以记录下该故障全过程中线路上的三相电流、零序电流的波形和有效值，母线上三相电压、零序电压的波形和有效值，并形成故障分析报告，给出此种故障的故障类型，便于分析电力系统故障及继电保护与安全自动装置在事故过程中的动作情况，迅速判断故障的位置。

1. 硬件结构

装置硬件系统由采集模块、管理单元、后台分析单元组成。

采集模块完成模拟量和开关量的数据采集，并将采集的数据通过内部总线输出到管理单元。

管理单元完成对各数据采集模块数据的接收、解析、数据压缩、存储、故障录波、通信远传等功能。采用高性能网络处理器，通过多核的无缝协作，使报文记录与录波同时完成，数据的接收、解析和存储的综合能力达到了 Gbit/s 级的速率，确保装置具备突出的性能和可靠性。

后台分析单元用于完成系统的人机接口，提供现场实时显示功能，具有录波波形分析、参数设置、运行状态监视、原始报文分析和打印等功能。

2. 软件功能

软件功能主要由装置启动、故障测距计算、波形记录、报告输出等。

装置启动：一般有自启动和命令启动两种方式。自启动即通过电气量发生变化时启动装置。命令启动即通过调度命令或测试命令启动装置。

故障测距计算：一般采用单端法测距，根据本站采集的电压和电流计算故障距离。测距法由于原理上的缺陷，受过渡电阻、系统阻抗、负荷电流等因素影响，会导致测距误差较大。

波形记录：记录装置启动前两个周期和装置启动后一段时间内的波形，即记录系统故障及断路器跳闸前后的情况，保证记录的波形能够反映电力系统事故的发生和发展过程，不失去故障特征，不影响对故障的分析评价。

报告输出：通过打印机打印输出故障信息，包括站名或厂名、故障时间、故障线路、故障类型、故障点不安装处的距离及阻抗测量值、继电保护和自动装置动作情况、开关量变位情况、故障录波图等。电力系统振荡时，记录的是电流和电压的包络线，并带时间坐标输出，波形简明清楚。

3. 故障录波装置的运行

（1）故障录波装置的启动。除高频信号外，以下信号均可作为启动量，任一路输入信号定值给出的启动条件均可启动录波，具体如下：

1）电压各相和零序电压突变量启动。

2）正序、负序和零序电压越限启动。

3）频率越限与变化率启动。

4）主变压器中性点零序越限启动。

5）线路同一相电流变化，1.5s 内最大值与最小值之差大于平均值 10%。

6）电流齐相和零序电流突变量启动。

7）线路相电流、负序电流、零序电流越限启动。

8）开关量变位启动。

9）手动启动，由人工控制启动。

10）遥控启动，由上级部门通过遥控下达启动命令。

（2）记录方式。

1）故障记录。故障启动后，按图 8-3 的方式对各种接入量进行记录（其中 A、B、C、D 段的时间长度可设定），记录数据带有绝对时标。

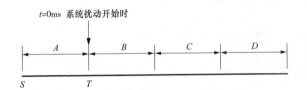

图 8-3　记录方式

A 时段：系统大扰动开始前的状态数据，输出原始记录波形，记录时间可整定，0～1s；

B 时段：系统大扰动后初期的状态数据，输出原始记录波形，记录时间可整定，0～10s；

C 时段：系统大扰动后中期动态过程数据，输出连续的工频有效值，记录时间大于等于 1s；

D 时段：系统动态过程的数据，每 0.1s 输出一个工频有效值，记录时间大于等于 20s。

输出数据的时间标签，如短路故障等突变事件，以系统大扰动开始时刻为该次事件的时间零坐标。

第一次启动：符合任一启动录波条件时，由 S 开始按 $ABCD$ 顺序执行。

重复启动：在已经启动记录的过程中，再有录波触发信号输出时，若在 B 时段，则由 T 时刻开始沿 BCD 时段重复执行；否则应由 S 时刻开始沿 $ABCD$ 时段重复执行。

自动终止条件：所有启动量全部复归或录波数据达到存储区上限。

2）稳态记录。不间断记录所有模拟通道和开关量通道的波形（最高采样频率 5kHz，可设），当有故障发生时，记录中自动标出故障线路，记录数据带有绝对时标。

8.5.2 继电保护故障信息系统

继电保护故障信息系统实现继电保护装置、故障录波器、合并单元、智能终端等二次设备的信息实时采集、运行状态监视、运行参数远程设置等功能，能够充分满足当前电网调度中心调控一体化以及变电站无人值守对二次设备运行管理要求。

系统包含主机、采集单元、后台工作站及相关网络通信设备。系统配置可根据厂站的布置、接入装置的数量要求采用集中布置方式或分散布置方式，如图 8－4 和图 8－5 所示。

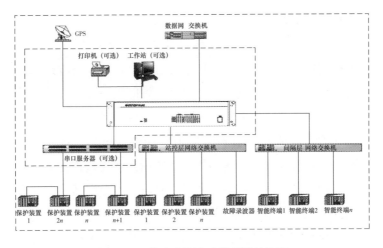

图 8-4　集中布置方式的系统结构图

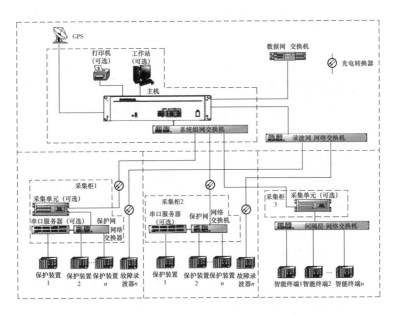

图 8-5　分散布置方式的子站系统结构图

1. 数据采集

数据采集分为每套保护装置各个模拟量采样值(包括采样波形)的采集、保护运行工况(包括运行工况、检修工况、投退工况等)信息的采集、故障录波数据的采集等。监控系统具备容纳各种保护装置、故障录波设备和其他一些智能装置的能力,能够同时与多套保护装置进行通信,各种信息(事件)同时发生时,系统能按照各类信息优先级进行登录和生成告警信息,在事故或故障时重要信息不会因其他后续事件的发生或者操作而造成丢失。

在与各种保护装置通信时应该采用 IEC 61850 规约或 DL/T 667—1999(IEC 60870 –5 –103)规约,和故障录波装置通信时传送的波形文件应该采用 ANSI/IEEE C37. 111 – 1991 COMTRADE 格式。考虑到兼容性,本系统也能处理现存的非标的规约和格式。但是在采集到各种信息后,在处理的同时就应该完成各种规约的转换任务,在存入数据库时和上送转发时一律以标准的规约和格式处理。保证数据流在储能电站这一层统一规约和格式。

2. 控制功能

在系统的人机界面上能够对各种保护装置进行操作,具体内容包括保护定值的召唤、整定;保护运行定值区的召唤、切换;保护控制字(软连接片)的召唤、投退。

3. 告警功能

在接收到保护事件或者是保护故障等信息后,告警模块依据预先定义的信息来确定告警级别。告警级别一般分为事故告警、严重异常告警和一般异常告警三个级别。每种告警信息采用不同的颜色、不同的音响(或语音)自动告警。

事故告警信息应该包括事故发生的时间、发生事故的设备、故障类型、故障相别、保护动作情况(保护装置动作报告)、开关动作变位情况等。在这些信息登录入库的同时,也能把信息主动上送,同时驱动告警声响、打印机和推出事故画面。

严重异常告警信息是指自动闭锁保护功能或能造成保护装置不能正确动作的异常告警信息,告警处理方式同上。

一般异常告警信息是指不会自动闭锁保护功能或不会造成保护装置不正确动作的异常告警信息,告警处理方式同上。

4. 数据处理与转发

系统只对运行中的保护装置和故障录波装置的数据进行采集和处理,对于退出运行的装置,可以通过一定的方法来屏蔽系统对该套装置数据、信息的采集和处理。

对于采集到的各种数据,尤其是发生事故时的各类数据、信息监控系统应能对这些数据进行分析、分类、过滤、分级等处理,在存入数据库的同时,故障(事件)信息按照优先级向主站端发送,也就是说把与事故有直接关系的重要信息和数据优先向主站端发送,把与事故有直接关系的次要信息和数据放在第二级向主站端发送,把与事故有间接关系的信息和数据放在最后向主站端发送。

对主站端通信,应用层通信规约符合 DL/T 667—1999 (IEC 60870-5-103)或者 IEC 61850,录波数据格式为 ANSI/IEEE C37.111-1991COMTRADE 格式,通信传输协议符合 TCP/IP。

5. 管理与报表功能

监控系统必须具备一定的继电保护日常管理功能。且每一种管理功能中所使用的数据均能灵活地按照各种要求和格式形成报表，通过打印机输出。

（1）设备管理。按一次设备组和电压等级分类，自动生成保护设备台账表，并能依据该表进行Ⅰ、Ⅱ、Ⅲ类保护设备台（套）数的统计，设备完好率的计算，对全站保护配置进行分类统计（如统计各类保护装置的套数），对全站各种保护装置和故障录波装置的软件版本进行分类统计和管理，高频保护频率、高频通道相别、各种保护的技术参数也能管理。

（2）检验管理。可以对每套保护装置的投运时间、上次检验时间、检验周期、检验报告进行检索并生成报表，由打印机输出。

（3）运行管理。可按任意组合进行保护动作统计、装置异常（故障）统计、录波次数统计，计算保护正确动作率、保护装置运行（投入）率、故障录波完好率等运行指标。并能按照要求自动生成保护动作报表、运行工况报表等表格，从打印机输出。

对于调度主站系统来说，可以跨监控系统统计数据。

6. 分析功能

（1）保护动作分析。能够依据对储能电站的保护描述和相互关系以及系统实时采样数据、故障录波数据、保护动作信息等，生成和显示故障报告（包括动作类型、动作值、故障相别、故障测距）、波形等图形，提供矢量分析、谐波分析、序向量分析的界面，并可以打印输出。提供给专业人员参考，为判断事故原因和处理事故提供支持。

（2）定值正确性校验。可以与保护整定计算软件通过文件交换方式获得保护定值清单，再从保护装置中提取保护定值，两者进行自动比较，有差异的可以用明显的方式进行告警提示。

（3）保护动作信息和数据的优先级别的判别。当电网发生事故时，一个储能电站中的很多保护装置都要启动，也可能伴随多台故障录波装置启动录波，若将所有数据和信息采集、上传，势必会造成信息风暴，导致传输阻塞，主站看不到关键信息，甚至丢失重要信息。因此系统必须要判断数据的优先级别。

（4）双端测距。对于主站（分站）系统来说，主站（分站）中的高级应用可以从在一次事故中有关系的子站提取与同一次事故有关联的数据进行综合分析，可以提供更精确的分析数据。

7. 安全机制

在对保护装置进行参数整定时，必须是具有一定权限的人员才能操作。同时对操作时间、操作人员、操作装置、定值如何修改都全部登录入库。对于更高一级的安全要求，在子站操作时也把操作信息送往主站端，主站端可以监视子站端的操作，必须两端都同意，操作才能被执行。通过数据库的参数设置，主站和子站都可以操作，可以互相闭锁。一方操作会在另外一方生成告警提示，提醒有人员在进行操作。

8. 远程诊断与修改功能

远方通过网络或 MODEM 与电力故障信息系统连接，可以访问数据库，可以修改数据库，具有较强的远程维护能力。支持与多个远方主站同时通信。支持远方主站查询历史数据（波形文件、保护故障报告、保护采样值、保护人工操作等）。

保护工程师需要对储能电站内的保护装置、故障信息进行管理和维护，主要功能有：

（1）运行人员可召唤某保护单元的定值，并在界面上显示该保护单元的所有定值。

（2）远方修改保护定值，修改定值时要有权限确认，修改下装后，要登录所做的修改，即登录所有修改前的定值和修改后的定值。

（3）可召唤某保护单元的测量值，在界面上显示该保护单元的所有量值，也可自动定时召唤。

（4）接受保护装置上送的故障动作和自诊断信息，进行排序，登录动作信息、故障类型、故障参数，并进行音响、语音、闪光、简报、自动推画面、推处理指导、事故追忆、光字牌显示等报警处理。

（5）可远方对保护单元进行复归。

（6）保护的配置可通过画面的形式表现出来，并可在画面上进行取定值等一系列操作。

（7）可远方显示保护或故障录波器的波形，并提供分析手段，录波数据以文件的方式存储和传输，每一机器的数据库中存储波形数据名表。

（8）提供录波数据的分析手段，可方便用户检索各种故障的数据。录波数据在当地系统以 IEEE 标准 COMTRADE 格式存储。

9 电化学储能电站消防安全技术

随着构建新型电力系统、促进国家能源绿色转型、实现"碳达峰、碳中和"目标等工作加快推进，电化学储能建设重要性日益突出。但是锂离子电池发生热失控、爆燃风险高，电池热失控时会产生大量的热和气体，最终诱发着火或者爆炸事故。从已有的运行经验来看，储能电池的热失控是导致电化学储能电站发生火灾事故的主要原因。一旦电化学储能电站发生火灾事故，其后果将是毁灭性的，不仅会使设备永久性损毁，甚至可能造成人员伤亡。因此，提升储能设施运维及消防能力成为保障人身及设备安全的重要措施，电化学储能电站建设中需特别重视消防系统的设计。本章重点围绕电化学储能电站的消防安全技术展开，以期为实际工程的消防管理提供一定参考。

9.1 储能锂离子电池安全风险概述

锂离子电池是由碳素材料负极，含锂的化合物正极，隔膜，有机电解液、外壳组成，在充放电过程中，锂离子在正、负极之间往返嵌入/脱嵌和插入/脱插，被形象地称为摇椅电池。锂离子电池组成及充放电循环原理示意图如图 9-1 所示。通常，不同体系的锂离子电池以其正极材料进行命名区分，如磷酸铁锂、三元、锰酸锂、钴酸锂以及钛酸锂。根据商品化锂离子电池的外壳包装，在命名指代上做进一步区分，如钢壳、铝壳、圆柱、软包等。

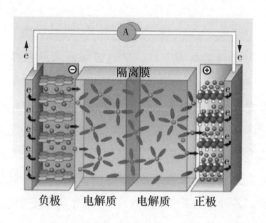

图 9-1 锂离子电池组成及充放电循环原理示意图

国内外对锂离子电池已经建立了相关安全检测标准体系，通过标准测试的电池在正常管理下能够保证安全使用。然而，如果电池存在自身缺陷、未通过相应的检验检测，或者存在过充过放、短路、过热、挤压等外界激源激发，抑或者人员的不当操作，电池的失效可能演变成热失控过程，进而发生火灾事故。不同外界激源导致锂离子电池发生起火现象如图 9-2 所示。

电池的火灾行为主要可以分以下几个阶段：

（1）电池升温阶段。电池发生自发产热初始温度是在

70~90℃，当电池内部产热大于外部散热时，电池的温度将不断升高。电池温度升高主要是由电解液与电极中锂离子的反应和电解液、电极材料自身分解所驱动的，随着温度的提高，隔膜会发生融化和分解。

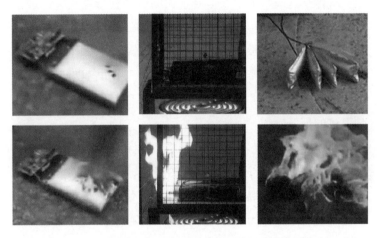

图9-2 不同外界激源导致锂离子电池发生起火现象

（2）电池内部压强增加。这主要是由于受热的电解液汽化和分解所致，一些正极材料在一定温度下也会发生分解，产生氧气。气体的产量与电池的荷电状态有关，一般情况下电池荷电状态越高，电解液分解越充分，电池内部压力也会越大。对于软包电池来说，将导致电池发生膨胀，但对于方形或者圆柱形电池，由于壳体强度足够，一般不会发生明显膨胀。

（3）电池气体压力泄放。对于一些软包电池，由于它不具备很好的隔热性能和耐压性能，因而在比较低的温度就会开始泄压。对于一些方形电池，一般会在电池边缘的某处位置设置线性泄压阀，当内部压力超过耐压极限时，气体就会从泄压阀处泄放并发出声音。对于小型的圆柱形电池如18650电池，若无泄压阀，则在电池上下两端可能会发生破裂，气体从这裂口喷出，但对于大型的圆柱形电池，一般都设计了泄压阀，当气体压强超过泄压阀压力极限时，泄压阀就会发生破裂，释放气体并发出尖锐的声音。由于高温下，黏结剂 PVDF 的黏滞作用失效，电极材料在电池喷出的气流的作用下发生脱落并随着气流喷出，所以很多情况下的气体是黑色的烟气。

（4）电池燃烧。电池热失控产生的气体主要有 CO、CO_2、CH_4、C_2H_4、H_2 和电解液的蒸气，其中多数为可燃性气体，与空气发生混合后在高温作用下发生燃烧，并从周围环境中卷吸空气作为氧化剂来维持气体燃烧，电池火焰周边因卷吸空气而形成漩涡，并出现火焰震荡现象。

（5）火焰向周围电池的蔓延。在锂电池的大型应用中，一块电池很难达到很高的电压和容量，所以都会使用电池管理系统对多块电池进行串并联来实现高电压和容量。当一块电池发生热失控时，通过电池表面与表面之间的热传导将热量传递给周围的电池，单块电池的燃烧火焰也会对周围电池有很强的加热作用。这样就会引发周围电池的热失控，导致电池火焰的蔓延。电池热失控随温度变化情况如图 9 - 3 所示。

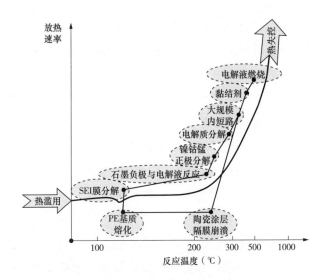

图 9-3　电池热失控随温度变化情况

9.2　储能锂离子电池热失控机理分析

引发电池热失控的诱因可分为机械滥用、电气滥用和热滥用三类。

（1）机械滥用导致的热失控。常见的机械滥用包括电池受到针刺、挤压等外部机械作用力，使电池本身的机械完整性受到破坏，电池壳体可能因此开裂并出现电解液泄漏、隔膜破裂等故障，并由此造成内部短路、内温升高甚至爆炸等安全性问题。严重的机械完整性破坏是电动汽车领域常见的电池火灾事故之一，如电动汽车电池组由于交通事故遭受剧烈碰撞、挤压变形，从而引发火灾。

（2）电气滥用导致的热失控。电气滥用主要是电池过充、绝缘配合不当、电池管理系统失效、储能变流器短路等。电池

213

组的外部短路可能是由于浸水，导体污染或维护期间的电击等。过充电一般是在某一个电池的电压未被良好监控时，电池单元的过度充电可能发生，由于电压监测的微小偏差，在实际操作中电池可能会略微过度充电。电池管理系统（BMS）充电高压截止功能失效是过度充电滥用的常见原因。过放电是另一种可能的电气滥用状况，一旦 BMS 未能具体监控到任何单个电池的电压，具有最低电压的电芯将被过度放电。电气滥用测试包括使用专业电池测试设备，对电池进行过充、过放以及外部短路等实验。锂离子电池出现电气滥用导致热失控，通常事故原因为相应保护设备失效，或人为操作不当等。

（3）热滥用导致的热失控。热滥用主要是电气火灾、临近电池系统热失控、其他明火和热源等。在外部温度不断升高的条件下，电池内部温度也不断升高，升高到一定温度后隔膜会发生热闭合而使正负极隔离起到安全防护的功能。然而若隔膜未能有效闭合，或者隔膜发生融化破裂，又或者电池内部同时发生了其他的放热反应而使电池温度继续升高。就有可能引起安全问题。电池热滥用测试通常指对电池直接进行外部加热。其中，热箱测试将电池置于较高温度环境的热箱内，测试其在高温下的安全性能。热箱测试可检验电池耐高温性能是否达标，得出的数据可与锂离子电池热模型计算结果相比较，验证电池热模型的准确性。一些商用锂离子电池的热箱测试温度可设置为150℃左右。

机械滥用、电气滥用和热滥用三者之间既相互区别，又有着必然的内在联系。机械滥用导致电池的变形，而电池的变形导致内短路的发生，即导致了电气滥用的发生。电气滥用伴随焦耳热以及化学反应热的产生，造成电池的热滥用。热滥用造成温度的升高，引发锂离子电池内部的链式反应，电池自身产热远大于对外散热，最终导致热失控发生。为此，常见的电池检测标准制定也主要从电池本身的机械完整性、电气、热量等方面着手，来对电池进行安全性能测试。

基于上述锂离子电池热失控的诱因，图 9-4 简要展示了锂离子电池热失控火灾机理。锂离子电池的热失控机理包括以下三个阶段。

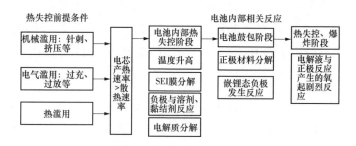

图 9-4 锂离子电池热失控火灾机理

（1）第一阶段：锂电池热失控初期阶段。

由于内外因素引起电池内部温度迅速升高至 $90 \sim 100℃$，此时，负极表面的 SEI 钝化层分解释放出巨大热量引起电池内部温度快速升高，SEI 膜主要由稳定层（如 LiF 和 Li_2CO_3）和亚稳层 [（CH_2OCO_2Li）$_2$、$ROCO_2Li$、$ROLi$ 和含氧聚合物] 构成。在 $110 \sim 120℃$ 时转化成 Li_2CO_3，同时释放出 CO_2，反应方程为

$$(CH_2OCO_2Li)_2 \longrightarrow Li_2CO_3 + C_2H_4 + CO_2 + 0.5O_2 \qquad (9-1)$$

SEI 钝化层的分解，不仅导致电池内部温度的进一步升

高，而且会促进电解液与正极进行反应，SEI 膜失去保护。

当温度分别达到 135℃ 和 166℃ 时，PE 和 PP 隔膜开始融化，随着温度进一步升高，隔膜收缩，正极与负极之间相互接触造成短路，从而引发电池的持续放热。电池体系温度的持续升高，致使负极发生分解反应并且伴随热量和氧气的散发。在高温下，LiC_6 与 $LiPF_6-EC:DEC$ 电解液、黏结剂的分解反应，造成电池体系的温度继续高涨到 150℃。此时，$LiPF_6$ 电解质分解生成 PF_5，产物与其他有机溶剂发生放热反应，释放 CO_2、HF 气体和碳氢化合物，反应表达式为

$$LiPF_6 \longrightarrow LiF + PF_5 \qquad (9-2)$$

$$C_2H_5OCOOC_2H_5 + PF_5 \longrightarrow C_2H_5OCOOPF_4 + HF + C_2H_4$$
$$(9-3)$$

$$HF + C_2H_4 \longrightarrow C_2H_5F \qquad (9-4)$$

$$C_2H_5OCOOPF_4 \longrightarrow PF_3O + CO_2 + C_2H_4 + HF \qquad (9-5)$$

$$C_2H_5OCOOPF_4 \longrightarrow PF_3O + CO_2 + C_2H_5F \qquad (9-6)$$

$$C_2H_5OCOOPF_4 + HF \longrightarrow PF_4OH + CO_2 + C_2H_5F \qquad (9-7)$$

（2）第二阶段：电池鼓包阶段。

在温度为 250~350℃ 时锂与电解液中的有机溶剂 [碳酸乙烯酯（EC）、碳酸丙烯酯（PC）和碳酸二甲酯（DMC）] 发生反应，挥发出可燃的碳氢化合物气体（甲烷、乙烷），反应表达式为

$$2Li + C_3H_4O_3(EC) \longrightarrow Li_2CO_3 + C_2H_4 \qquad (9-8)$$

$$2Li + C_4H_6O_3(PC) \longrightarrow Li_2CO_3 + C_3H_6 \qquad (9-9)$$

$$2Li + C_3H_6O_3(DMC) \longrightarrow Li_2CO_3 + C_2H_6 \qquad (9-10)$$

（3）第三阶段：电池热失控，爆炸失效阶段。

在这个阶段中，充电状态下的正极材料与电解液继续发生剧烈的氧化分解反应，产生高温和大量有毒气体，导致电池剧烈燃烧甚至爆炸。

单体电池的热失控若不能及时有效控制，就会迅速发生"单体－模块－簇－系统－整站"的链条式火灾甚至爆炸。火灾事故持续时间长，往往伴随多次熄灭－复燃过程反复，对周边设备、设施、人身安全造成较大威胁；同时，火灾产生大量的灰烬，含有大量的铜氧化物、锂化物、氟化物、磷化物，如处理不当会对环境产生污染和危害。

9.3 电化学储能电站火灾预警分析

电池本体因素及运行环境因素逐渐演化是引起储能电站事故的根本诱因。鉴于该类因素的长周期演化特性，我们将锂电池储能系统安全性评估划分为两个层次：一是安全状态早期预警，二是热失控提前预警，如图9－5所示。

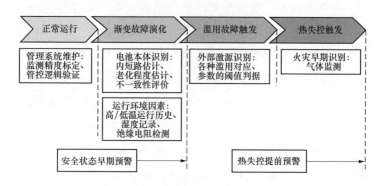

图9－5　储能系统安全状态预警

目前储能系统的安全预警均以管理系统某些特征参数的阈值判断来识别电池是否有热失控风险，其对安全管理的定义主要是指消防安全，对应的早期预警主要是指热失控的提前预警。针对锂电池热失控风险的预警包括判断各种滥用阈值是否被触发、是否监测到滥用过程副反应产气等。然而发展到该阶段时，电池内部链式反应已经产生，单体热失控已不可逆；预警的主要目的是提前预判热失控，给消防系统的介入争取时间，控制事故的扩大。

9.3.1 安全状态早期预警

在安全状态早期预警阶段，通过对电池运行及环境因素的历史数据分析、机理模型推演、演化趋势判断等开展安全特性演化行为预判，有望实现潜在热失控电池的更早期甄别，通过采取适当的安全管控措施可以有效避免热失控的发生。电池本体安全状态演化识别包括内短路发展估计、老化程度估计以及成组后的不一致性演化评价等方面。从系统层面来看，对电池间不一致性及其演化规律的识别，将有可能获取更多安全状态演化信息。例如某电池本体的电压异常，其有可能是与电池组内其他单体的可用容量、内阻、自放电率、荷电状态等存在明显差异而导致，往往需要结合电池内/外参数辨识技术，才能实现对引发电压故障的原因实施合理诊断。运行环境因素对安全性的影响具备时间积累特性，并受管理系统的初始设计和管控性能的直接影响，同时运行环境以边界条件的形式影响电池本体安全状态演化。

9.3.2 热失控提前预警

在热失控预警阶段，主要是针对电池出现热失控的临界条件对电池进行监控和预警，电池在出现热失控的过程中，其电压、电流、内阻、内部压力、温度等都会出现明显的变化，且产生特征气体，通过对其中一种或几种特征参数及特征气体的监测可以有效地对电池热失控进行预警，从而避免热失控造成的较大的经济损失。基于此，研究人员相继提出了基于电池管理系统(BMS)实时监测电池表面温度、内阻、电压、电流等信号的热失控预警技术、基于电池内部状态预测的热失控预警技术、基于气体检测的热失控早期预警技术。

（1）基于电池管理系统(BMS)实时监测电池表面温度、内阻、电压、电流等信号的热失控预警技术。

1）温度。考虑到电池热失控的过程是电池温度不断上升的过程，温度是判断电池是否发生热失控以及判断热失控进行程度的一个重要参数，很多电池预警系统都采用温感探测器对温度进行监控，当温度超过临界温度后发出预警信息进行预警。不过对于以温度作为参数进行预警的方式，最大的问题就是热电偶或温度传感器在测量电池温度的过程中内外温度有着一定的误差，电池内部温度与表面温度之间温差最大可达20℃，会导致还未到设定预警温度时就会出现电池热失控的现象，最终导致预警失败。

2）内阻。内阻是锂离子电池一个非常重要的参数，内阻会随着充放电状态(SOC)、工作的环境温度等条件发生变化，常用于电池寿命评估、健康状态评估（SOH）以及性能检测，也是检测电池是否出现异常的重要参数。通常电池在正常工作的温度范围内，电池的内阻随着温度升高而降低，但是当超过正常工作范围甚至发生热失控时，电池的内阻会有明显的上升。不过考虑到电池内阻出现突变并不一定是电池热失控所导致，电池受到外界扰动从而出现接触不良等情况也会导致内阻出现变化，单纯用电池内阻作为电池热失控的判定因素并不合适，应与其他的参数共同判断电池是否出现热失控进而进行预警。

3）电压。与电池内阻相同，电池发生热失控时，电压也会发生异常变化，最终降至0V。不同的引发方式电压的下降的过程是不一样的：对于针刺等机械滥用引发通常电池的电压会骤降至0V；对于过充等电滥用引发电池的电压会呈现出一个持续增加的状态，最终到达峰值后降至0V；而对于热滥用引发电压都会随着热失控过程逐渐降低至0V。但是实际上电池的电压变化很复杂且规律性差，且当电压出现骤降的时候通常电池已经失效，此时热失控已经发生。此外除了电池热失控，有时电池出现接触不良的情况也会使电池电压突变，若单纯用电压作为预警的参数并不一定能及时起到预警的作用。

（2）基于电池内部状态预测的热失控预警技术。现代BMS依赖于监视外部参数（如电池表面温度、电压和电流）以保证电池工作的安全性、可靠性。但对于锂离子电池这一完全密闭系统而言，通过外部参数监测无法对其进行完全准确的模拟，也无法准确地反映其内部的电化学变化，从而使得

BMS 无法全面地评估电池单体的潜在热失控风险。有学者提出通过监测电池内部状态，来改进 BMS 中状态估计所需辨识参数，对电池热失控风险进行更精确的评估，在锂离子电池热失控早期预警中具有重要价值。

有研究人员提出了一种基于嵌入式可折叠布拉格光纤传感器的锂离子电池内部状态监测方案，当电池内部应力或温度发生变化时，布拉格光纤折射率、折射光波长随之变化，然后通过测量折射光波长的变化，判断电池内部应力和温度的变化，再配合 BMS，实时监控锂离子电池故障辨识参数，进而实时预测电池的荷电状态、健康状态，实现对锂离子电池热失控的早期预警。图 9-6 所示为基于嵌入式可折叠布拉格光纤传感器的锂离子电池内部状态监测示意图。

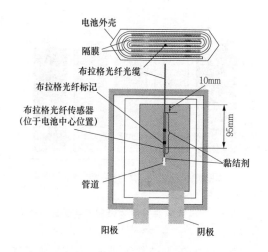

图 9-6　基于嵌入式可折叠布拉格光纤传感器的
锂离子电池内部状态监测示意图

（3）基于气体检测的热失控早期预警技术。锂离子电池热失控早期，由于电池温度、放电电压、放电电流等特征识别参数的变化非常缓慢，通过 BMS 无法及早地监测到电池故障。而锂离子电池因其自身和外部条件导致热失控并最终燃烧的整个过程，都伴随着可燃气体缓慢释放、泄压、电解液和反应气体释放、快速分解产生烟雾、高热至火焰的产生。电池系统一般处于稳态的电池包环境，相对正常稳态环境，其采集的上述数据呈现稳态变化特性，而一旦热失控产生，势必引起气象、烟雾、温度和光敏传感器的数据异常变化。因此，利用气体检测传感器来实现锂离子电池热失控早期预警在理论上是可行的。电池热失控发生过程产生关联物理量如图 9 - 7 所示。

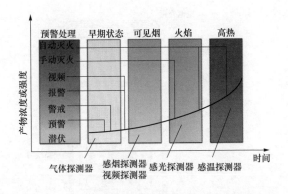

图 9 - 7　电池热失控发生过程产生关联物理量

南京工业大学的王志荣等人公开了一项基于气体检测的锂离子电池热失控自动报警器及其监测方法的发明专利，如图 9 - 8 所示，该专利由气体收集装置、气体检测装置、控制装置、报警装置组成，其中，气体检测装置采用了对 H_2 和 CO 具有高灵敏度的费加罗气体传感器 TGS822TF，该传感器在室温条件下的气体浓度测量范围为 100～1000 μL/L，当传感器检测到 CO 和 H_2 浓度达到 120 μL/L 时报警装置响应，发出警报信号。

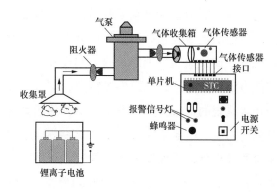

图 9-8　基于气体检测的锂离子电池热失控自动报警器

9.4　电化学储能电站消防系统技术

9.4.1　基于多级安全联动的电化学储能电站消防预警系统

多级预警是指从电池包内部、电池簇（封闭式电池簇）和电池舱空间进行分区探测预警的方式，目的是在电池单体发生热失控时得以快速识别。为提高消防预警准确性，储能电站的消防系统需要实行分级预警机制，采用多级消防处理控制，降低储能系统大范围的起火风险，可有效保障储能系统的安全。

　　储能电站消防预警系统中的消防预警主机是消防联动控制设备的核心组件。它通过接收电池热失控探测器发出的热失控报警信号，按照预设逻辑实现联动控制，它可以直接发出控制信号(用于电池包内置式灭火装置的启动)，控制逻辑复杂，可以通过电动装置间接发出控制信号。储能电站消防预警系统的联动控制策略主要基于两方面，一是如何快速有效地检测出电池的热事故隐患和热失控状态；二是在出现热失控的状态下如何快速启动消防设施，实现有效灭火。针对大规模储能电池结构复杂、规模大等特点，结合储能电站内消防、动环等系统的运行特点，采用分层管理的系统整体结构，实现消防系统、电池管理系统、动环系统等的深度融合，实现多系统联动设计，确保储能系统的安全。结合大规模储能电池系统的设计运行管理、故障诊断和警告保护等安全设计，同时考虑异常情况下电池热失控处理策略，消防预警系统与 BMS 协调联动在热失控状态下切断电池的运行状态及启动消防系统。多级安全联动策略示意图，如图 9-9 所示。

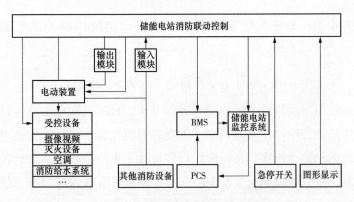

图 9-9　多级安全联动策略示意图

储能电站消防预警系统与 BMS 系统信息一体化、协同监控。图 9‑10 给出了电化学储能电站的消防预警系统，由热失控探测器、消防控制主机、紧急启停开关、声光报警器、灭火装置等部件组成。

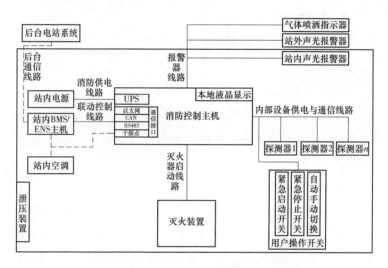

图 9‑10　储能电站消防预警系统架构图

1. 消防控制主机

消防控制主机是消防安全系统的核心组件之一，负责消防安全系统的联动，实时分析处理采集到的数据。至少提供以太网、CAN、RS485、干接点 4 类通信接口，满足常用的组网通信方式。

2. 锂电池热失控探测器

探测器负责收集 CO、烟雾、温度等参量变化情况，并将数据传输给主机，对锂电池热失控及火灾做出综合判断，一体化设计。

3. 外部报警装置

储能电站内部安装站内声光报警器，储能电站外部安装站外声光报警器与气体喷洒指示灯，在系统火灾报警与灭火器启动时，能及时警示工作人员。

4. 用户操作开关

用户操作开关包括紧急启动、紧急停止、自动与手动状态切换。

5. 后台主站系统

后台主站系统能够展示消防预警系统的采集数据与报警数据及驱动声光报警器，能把火灾报警信息醒目提示给监控人员。

6. 通信

消防预警系统必须有通信线与站内储能电站电池管理系统(BMS)通信联动，应在火灾状态等极限情况下可靠通信。消防预警系统采集数据、报警数据可直接接入后台系统或由储能电站电池管理系统转发至后台系统。站内空调可由消防预警系统或储能电站电池管理系统直接控制，在空间灭火装置启动前，关闭叶扇，达到更好的灭火效果。

9.4.2 电化学储能电站灭火措施

电化学储能电站根据建设情况不同，可能将电池安放在室内，也有可能安放在预制舱内，在消防设计中需视具体情况而定。总的来看，电化学储能电站建筑物主要为各电池室(电池舱)、功率变换器安装室(舱)、高压配电设备安装室、二次设备安装室(舱)。此外还有储能电站用电房等配电建筑。各类建筑的消防灭火有其各自的要求。在电化学储能电站核心消防技术为针对储能电池配置的灭火措施。

目前针对储能电池的消防技术仍未成熟，国内诸多研究机构投入了大量的精力进行研发。围绕抑制锂电池火灾灭火剂的研究最早发生在航空领域。针对电池的灭火剂主要有三大类，即气体灭火剂、液灭火剂与固灭火剂。研究人员对三种类型的灭火剂进行了多个维度的对比，其对比结果见表9-1。

从表9-1中可以看出，固体灭火剂对扑灭锂电池火灾效果不佳；气体灭火剂在电池火灾中具有无颗粒物、无腐蚀、无残留的优点，但降温效果有限，需要用足够冷却时间方可抑制锂离子电池复燃；且气体灭火剂虽对电池初始自放热诱导阶段的抑制较明显，但对于快速爆燃热失控阶段的储能电池灭火能力较弱；水基灭火剂具有强大的降温能力，在扑救锂离子电池火灾中效果明显。从经济性的角度来看，三种不同种类的灭火剂经济成本比较为气体灭火剂 > 固体灭火剂 > 液体灭火剂。在工程实践中，目前国内储能电站中单预制舱的消防灭火措施一般采用气体灭火系统，灭火介质为七氟丙烷。

七氟丙烷(HFC-227ea)灭火剂是美国大湖公司研制生产的一种卤代烃类哈龙替代灭火剂。化学分子式为 CF_3CHFCF_3，商品名为FM200。常压下是无色无味的气体，不导电，无腐蚀。七氟丙烷本身有一定的毒性，安全浓度为9%。七氟丙烷的灭火机理为抑制化学链反应、稀释隔绝氧气和吸收热量。七氟丙烷具有双重灭火机理协同作用、灭火浓度低、灭火效率高等优点，通过分析已有的研究成果，目前气体灭火剂中

表9-1　　不同类型灭火剂的灭火机理及优缺点

灭火剂种类	常用灭火剂名称	灭火机理	优缺点	实验论证
	卤代烷1301、哈龙121	销毁燃烧过程中产生的游离基，形成稳定分子或低活性游离基	降温效果有限，无法抑制锂离子电池的复燃。对臭氧层破坏，已在我国全面禁止使用	美国联邦航天局
气体灭火剂	CO2、IG-541、IG-100	稀释燃烧区外的空气，窒息灭火	灭火效果较差，出现复燃，对金属设备具冷激效应（即对高热设备元件具破坏性），同时对火灾场景密封环境要求高，不环保	公安部天津消防所、中国船级社武汉规范研究所
	洁净气体灭火剂如：HFC-227ea/FM-200（七氟丙烷）、HFC-236fa（六氟丙烷）、Novec1230、ZF2088	分子汽化迅速冷却火焰温度，窒息并化学抑制	无冷剂激效应，不造成被保护设备的二次损坏。燃烧初期有大量氟化氢等毒性气体生产，需要考虑灭火剂浓度设置	中国科学技术大学火灾国家实验室

续表

灭火剂种类	常用灭火剂名称	灭火机理	优缺点	实验论证
水基型灭火剂	水、AF-31、AF-32、A-B-D灭火剂	瞬间蒸发吸收大量热量,表面形成水膜,隔氧降温,双重作用	降温灭火效果明显,成本低廉且环境友好,但耗水量大,扑救时间长。喷雾强度为2.0L/(min·m²),安装高度为2.4m条件下,细水雾灭火系统无效	美国联邦航天局(FAA)公安部天津消防所,德国机动车监督协会(DEKRE)、英国民航局(CAA)、公安部天津消防所安部天津消防所
	水成膜泡沫灭火剂	特定发泡剂与稳定剂,强化窒息作用	3%水成膜泡沫灭火剂无法解决电池复燃问题	

229

续表

灭火剂种类	常用灭火剂名称	灭火机理	优缺点	实验论证
干粉灭火剂	超细干粉（磷酸铵盐、氯化钠、硫酸铵）	化学抑制或隔离窒息灭火	微颗粒、具严重残留物，湿度大对设备具腐蚀性。干粉灭火剂对锂电池火灾几乎没有效果	公安部天津消防所、中国船级社武汉规范研究所
气溶胶灭火剂	固体或液体小质点分散并悬浮在气体介质中形成的胶体分散体系（混合金属盐、二氧化碳、氮气）	氧化还原反应大量产生烟雾窒息	亚纳米微颗粒（霾），金属盐，具残留物，对金属具腐蚀物，对设备具损坏，伴有大量烟气污染周围环境。与水基灭火剂结合使用可有效提高锂电池火灾扑救效率，减少耗水量	德国机车监督协会

七氟丙烷是应用在锂离子电池火灾中效率最高的灭火介质，但是其对锂离子电池的针对性不强，在停止喷射后电池仍然有复燃的风险，即其持续吸收热量降温抑制的能力并不强。

因此，针对锂电池，特别是大型储能锂电池系统的火灾隐患进行灭火防护，设计开发新型高效、防复燃灭火剂及灭火剂释放系统和装置，有利于锂离子电池储能系统的大规模商业化应用。

为了解决灭火剂对锂离子电池灭火可靠性的问题，2019年国家电网有限公司设立指南项目《集装箱式锂离子电池储能系统消防灭火装置研制及工程化技术》，由中国电力科学研究院牵头，定制开发了针对性的全淹没系统，采用自主研制的锂离子电池专用气液复合灭火剂，该装置能够实现自动与手动启动功能，在自动启动模式下，响应时间小于 1s，能够实现在灭火剂开始喷射后 5s 内扑灭锂离子电池火灾，在复燃抑制剂喷射结束后 24h 内锂离子电池无复燃现象；该装置成本相对较低、对其他设施和环境影响小。目前，该装置已经过国家消防装备质量监督检验中心检验。

9.4.3　智慧消防与5G技术

与传统消防技术相比，智慧消防建设蓬勃兴起，基本实现了动态感知、智能研判与精准防控，为新世纪消防领域进一步发展奠定了良好的基础。5G 新技术时代的到来，不仅给智慧消防的发展带来了崭新的机遇，推动智慧消防领域产业的转型升级，而且使得消防技术从平面化向立体化提升。科技与消防的深度融合，为消防安全提供全新的整体解决方案，极大提升储能安全性。如消防人员可以通过优化的 5G 网络所提供的 VR/AR 模拟训练，来提升技能或提高训练效率。通过对摄像机点位的视频进行针对性智能分析，在原有报警信息的基础上增加可视化，可提升整体消防安全。

9.5 电化学储能电站消防安全管理

9.5.1 防火设计

1. 一般规定

电化学储能电站消防设备设施应满足 CB 51048—2014《电化学储能电站设计规范》等国家相关标准规范，以及 Q/GDW 10769—2017《电化学储能电站技术导则》等国网公司企业标准要求。

国家强制产品认证(3C)目录内的消防设备必须具有消防强制性产品认证证书(CCCF)，非国家强制产品认证(3C)目录内的消防产品应具有消防产品自愿性认证证书或者国家级消防质量检验中心出具的检验报告。

电化学储能电站应按照属地政府部门的要求开展消防设计审查及验收工作，未通过消防主管部门验收或备案，不得投运；站内消防设备设施发生重大变化时，应按照属地消防管理部门的要求重新履行相关验收或备案手续。

电池室或电池预制舱应设置独立的机械通风设施，且其空气不应循环使用。排风机应采用防爆型且配置有防火阀。低电压开关因不具备防爆性能，应装到电池室或电池预制舱外面。

2. 建(构)筑物防火

电池室宜采用钢筋混凝土柱承重的框架或排架结构;当采用钢柱承重时,钢柱应采用防火保护。根据 GB 51048—2014《电化学储能电站设计规范》,电化学储能电站中的电池室耐火等级不应低于一级,其他建(构)筑物的耐火等级不应低于二级。

建筑物灭火器配置应符合 GB 50140—2005《建筑灭火器配置设计规范》的有关规定,电池室危险等级应为严重危险级。

电池室应符合下列要求:

(1)电池室不少于 2 个出口,且室内任意点距离出口不大于 15m。

(2)电池室应采用不低于乙级的防火门。

(3)门应向疏散方向开启,门的最小净宽不小于 0.9m。

(4)电池室隔墙耐火极限不应低于 3h。

(5)隔墙上除开向疏散走道及室外的疏散门外不应开设其他门窗洞口;当必须开设观察窗时,应采用甲级防火窗。

(6)电缆选择与敷设,应符合 GB 50217—2018《电力工程电缆设计规范》的规定。电池室(舱)内设备连接电缆应采用 A 级阻燃电缆。

(7)隔墙上有管线穿过时,管线四周空隙应采用不燃材料填充密实。

(8)电池室的室内装修材料的燃烧性能等级不应低于 A 级。

电池预制舱之间应设置防火墙,防火墙高度及长度均应超出电池预制舱外廓各 1m。防火墙耐火极限不应低于 3h。

T/CEC 373—2020《预制舱式磷酸铁锂电化学储能电站消防技术规范》中第 4.6.3 条规定，电池预制舱之间的防火间距，长边端不应小于 3m，短边端不应小于 4m；当采用防火墙时，防火间距不限。防火墙长度、高度应超出预制舱外廓各 1m。

3. 储能设备防火

电池预制舱与站内其他建（构）筑物、设备的防火间距不应小于表 9-2 的规定，与站外其他建（构）筑物的防火间距应符合 GB 50016—2014《建筑设计防火规范(2018 年版)》和 GB 51048—2014《电化学储能电站设计规范》的规定。

表 9-2　　电池预制舱与站内其他建(构)筑物、设备的防火间距　　　　　　　m

建(构)筑物名称			防火间距
丙、丁、戊类生产建筑			10
屋外配电设备	无含油电气设备		—
	断路器	每组断路器油量小于 1t	5
		每组断路器油量大于等于 1t	10
	油浸式变压器		10
	事故油池		5

注　1. 当采用防火墙时，电池预制舱与丙、丁、戊类生产建筑的防火间距不限。

　　2. "—"表示不限制，该间距可根据工艺布置要求确定。

　　3. 与建(构)筑物防火间距应按建(构)筑物外墙的最近水平距离计算，如外墙有凸出的可燃或难燃构件时，则应从其凸出部外缘算起；与变压器的防火间距应为变压器外壁的最近水平距离；与带油电气设备的防火间距为带油电气设备外壁的最近水平距离；与户外配电装置防火间距应为设备外壁的最近水平距离。

根据 T/CEC 373—2020《预制舱式磷酸铁锂电化学储能电站消防技术规范》，电池预制舱应符合以下要求：

（1）电池预制舱内采用保温、铺地、装饰材料时，其燃烧性能等级应为 A 级。

（2）电池预制舱隔墙上有管线穿过时，管线四周空隙应采用防火封堵材料封堵。

（3）电池预制舱应在不同板壁上至少设置 2 个净宽度不小于 0.9m 的外开应急门。电池预制舱设置门禁系统。

（4）电池预制舱内应至少设置 2 套防爆型通风装置，排风口至少上下各 1 处，每分钟总排风量不应小于预制舱容积，通风装置应可靠接地。

（5）空调系统、通风装置中的管道、风口及阀门等组件应采用不燃材料制作。

（6）设置防爆照明灯具和防爆开关。

（7）电池预制舱应设置带防雨罩的泄压口，用于舱内电池发生火灾时泄压，宜设置在预制舱上部，可采用爆破式或常闭翻板式，开口面积根据试验核定。

9.5.2　消防设施

1. 火灾报警系统

电化学储能电站内主控室（舱）、配电装置室（舱）、二次室（舱）、电池室（电池预制舱）、PCS 室（舱）、电缆夹层及电缆竖井应设置火灾自动报警系统，并配置感温和感烟火灾探测器。感烟火灾探测器类型可选择感烟、线型感烟或吸气式感烟。电化学储能电站其他功能区域建筑物内的火灾自动报警系统，应满足 GB 50229—2019《火力发电厂与变电站设计防火标准》的相关规定。

根据 DL 5027—2015《电力设备典型消防规程》，火灾自动报警系统相关部件的安装部位应满足消防设计要求，不应影响设备运行，尽量满足不停运设备进行维修的要求。

电池室或电池预制舱应配置可燃气体探测装置，探测器间距不应大于 4m。可燃气体探测装置应符合下列要求：

（1）能探测 H_2 和 CO 等可燃气体浓度值，测量范围在最低爆炸极限(lower explosion limited，LEL)的 50% 以下，可设定可燃气体浓度动作阈值。

（2）具有硬接点、RS485 等通信接口，能根据设定的气体浓度不同阈值进行分级响应输出。

（3）响应输出信号同时接入电池管理系统(BMS)、火灾自动报警系统和门禁系统。

（4）宜选用红外光学型，采用防爆隔爆技术。

火灾自动报警及其联动控制系统在接收到可燃气体告警信号和火灾报警信号后，应根据既定防火和灭火策略，自动启动灭火系统。防火和灭火策略应符合下列要求：

（1）当可燃气体浓度告警时，由电池管理系统关闭空调、启动风机、跳开舱级储能变流器断路器和簇级继电器。

（2）当固定式自动灭火系统启动时，应由电池管理系统联动关闭风机和防火阀。

电化学储能电站火灾报警信号、故障告警信号和自动灭火系统运行状态信息应上传到 24h 有人值守监控后台。

2. 自动灭火系统

电化学储能电站内的电池室或电池预制舱内应配置自动灭火系统，系统应具备与电池管理系统、火灾探测器或可燃气体探测装置联动的功能，还应具备远程手动启动和应急机械启动功能。

（1）基本规定。

1）自动灭火系统的最小保护单元应为电池模块，每个电池模块宜单独配置探测器和灭火介质喷头。

2）自动灭火系统应同时满足扑灭明火、长时间抑制电池复燃的要求。

3）自动灭火系统的启动应根据"先断电、后灭火"的原则，先行断开舱级储能变流器断路器和簇级继电器后，方可启动灭火系统进行灭火。

4）自动灭火系统中灭火介质瓶组、选择阀、控制盘、管路管件、探测器、电源、通信模块等部件，均应符合相关国家标准或行业标准的规定。

（2）灭火介质。锂离子电池火灾用灭火介质应符合如下要求：

1）灭火介质应从卤代烷、全氟己酮、干粉等灭火剂中选择。

2）当选用两种及两种以上灭火剂时，应选择性质相容的灭火剂。

3）灭火介质应为绝缘材料。

4）灭火介质应具有降温作用。

5）灭火介质的设计用量应满足相关国家标准或行业标准的规定。

灭火介质的设计用量可参照 GB 50347—2004《干粉灭火系统设计规范》、GB 50370—2005《气体灭火系统设计规范》。

（3）功能要求。自动灭火系统应满足如下基本功能要求：

1）探测报警要求：灭火系统应能接收火灾探测器的火警信号，并发出声光报警信号，且满足 GB 50116—2013《火灾自动报警系统设计规范》的相关规定。

2）启动要求：灭火系统应具有自动启动、远程手动启动和应急机械启动方式；远程手动启动和应急机械启动应具有防止误动作的有效措施，并用文字或图形符号标明操作方法；灭火系统应具有启动反馈报警功能。

3）通信功能：灭火系统应预留与储能监控系统的通信接口。

4）电源要求：灭火系统宜单独配置直流电源，容量应满足火灾报警系统和灭火系统连续工作 6h；灭火系统主、备用电源均应有工作指示。

（4）性能要求。自动灭火系统的性能要求主要包含灭火性能要求、电磁兼容性要求和环境适应性要求三方面。

1）灭火性能要求：自动灭火系统启动时，若有明火出现，灭明火时间不应超过 15s，且 24h 内电池不应发生复燃；若无明火出现，在灭火介质喷射完毕后 24h 内应无明火。

2）电磁兼容性要求：自动灭火系统的电磁兼容性应符合 GB/T 17626.2—2018《电磁兼容　试验和测量技术　静电

放电抗扰度试验》规定严酷等级为三级静电放电抗扰度、GB/T 17626.4—2018《电磁兼容　试验和测量技术　电快速瞬变脉冲群抗扰度试验》规定严酷等级为三级电快速瞬变脉冲群抗扰度、GB/T 17626.5—2019《电磁兼容　试验和测量技术　浪涌（冲击）抗扰度试验》规定严酷等级为三级浪涌（冲击）抗扰度、GB/T 17626.8—2006《电磁兼容　试验和测量技术　工频磁场抗扰度试验》规定严酷等级为四级工频磁场抗扰度、GB/T 17626.12—2013《电磁兼容　试验和测量技术　振铃波抗扰度试验》规定严酷等级为三级振荡波抗扰度试验的要求。

3）环境适应性要求：自动灭火系统的工作温度范围应为：−10~+50℃；灭火系统的储存温度范围应为：−20~+55℃；自动灭火系统按 GB/T 2423.17—2008《电工电子产品环境试验　第 2 部分：试验方法　试验 Ka：盐雾》中的规定进行耐盐雾试验，灭火系统应能正常工作；自动灭火系统按 GB/T 2423.4—2008《电工电子产品环境试验　第 2 部分：试验方法　试验 Db 交变湿热（12h + 12h 循环）》的规定对灭火系统进行耐湿热性能试验（高温温度为 + 50℃），灭火系统应能正常工作。

3. 消防给水及消火栓系统

电化学储能电站应设置消防给水系统，消防管网优先选用市政管网供水，周边如果没有市政给水管道，则必须设置消防水池供水系统。消防给水系统的设计应符合 GB 50016—2014《建筑设计防火规范（2018 年版）》和 GB 51048—2014《电化学储能电站设计规范》的有关规定，同一时间内的火灾次数应按一次设计。

电站消防给水量应按照火灾最大一次室内和室外消防用水量之和计算。消防水池有效容量应满足最大一次用水量火灾时由消防水池供水部分的容量。

火灾灭火用水量计算应符合下列规定：

（1）消火栓灭火系统的火灾延续时间不应小于 3h。

（2）其他区域的消防用水量应符合 GB 50974—2014《消防给水及消火栓系统技术规范》的规定。

根据 GB 50229—2019《火力发电厂与变电站设计防火标准》第 11.5.21 条规定，对于丙类厂房、仓库，消火栓灭火系统的火灾延续时间不应小于 3h；对于丁、戊类厂房仓库，消火栓灭火系统的火灾持续时间不应小于 2h。因此，参照 GB 50229—2019，规定消火栓灭火系统的火灾延续时间不应小于 3h。

电化学储能电站室外消火栓系统的设计，应符合以下要求：

（1）消火栓设置数量应满足灭火救援要求，且不少于 2 个，设计流量不应小于 20L/s。

（2）户外消火栓宜采用地上式。

（3）依据 GB 50974—2014《消防给水及消火栓系统技术规范》，消火栓的布置间距不应大于 60m，每个消火栓的保护半径不应大于 150m。

设置室外消火栓的电站应集中配置足够数量的消防水带、水枪和消火栓扳手，放置在重点防火区域周围的露天专用消防箱或消防小室内，相关箱、室不得上锁；根据被保护设备的性质合理配置 19mm 直流或喷雾或多功能水枪，水带宜配置有衬里消防水带。

4. 通用消防设施

电化学储能电站应设置沙箱(沙池)。沙箱(沙池)容量不应小于$1m^3$，最大保护距离为$30m$。同时配置消防铲、消防斧、消防桶等辅助设施。

电化学储能电站建筑灭火器配置规格和数量应按 GB 50140—2005《建筑灭火器配置设计规范》计算确定。电化学储能电站可选用气体式或干粉式灭火器。

电化学储能电站运维单位应在有人值班场所或电化学储能电站内配置正压式空气呼吸器，不少于 2 套。正压式空气呼吸器应定期检查，确保完好可用。

电化学储能电站消防供电设计应符合一级消防供电的要求。消防用电设备应采用双电源供电，并在最末一级配电箱处自动切换，切换装置应为 PC 级。

消防配电线路应满足火灾时连续供电的需要，其敷设应符合下列规定：

(1) 明敷时(包括敷设在吊顶内)，应穿金属导管或采用封闭式金属槽盒保护，金属导管或封闭式金属槽盒应采取防火保护措施；当采用阻燃或耐火电缆并敷设在电缆井、沟内时，可不穿金属导管或采用封闭式金属槽盒保护。

(2) 暗敷时，应穿管并应敷设在不燃性结构内且保护层厚度不应小于$30mm$。

(3) 消防配电线路宜与其他配电线路分开敷设在不同的电缆井、沟内；确有困难需敷设在同一电缆井沟内时，应分别布置在电缆井、沟的两侧，且消防配电线路应采用矿物绝缘类不燃性电缆。

电缆从室外进入室内的入口处、电缆竖井的出入口处，电缆引至电气柜、盘或控制屏、台的开孔部位，电缆贯穿隔墙、楼板、舱壁的空洞应采用电缆防火封堵材料进行封堵，其防火封堵组件的耐火极限不应低于被贯穿物的耐火极限。

9.5.3　消防工程施工与验收

1. 消防施工

火灾自动报警及其联动控制系统、气体灭火系统、消防给水及消火栓系统的施工应执行国家现行有关标准。

根据 T/CEC 373—2020《预制舱式磷酸铁锂电化学储能电站消防技术规范》，检修作业时，应确保火灾报警系统和灭火系统处于正常工作状态；施工、调试或检修过程中发生火灾时，可立即启动灭火系统进行灭火。

2. 消防验收

储能电站工程取得消防主管部门出具的消防验收合格意见或备案凭证，取得备案凭证的工程经消防主管部门抽查均合格。

各单位工程实施管理部门应当建立消防工程设计审核、消防检测、消防验收或备案的文件档案。

9.5.4　运行维护

1. 一般规定

化学储能电站运维单位应确定单位消防安全责任人、消防安全管理人和每座储能电站的防火责任人,逐级明确消防安全职责。

电化学储能电站消防设施的运维管理包括巡视、检测、维保、建档等工作。

电化学储能电站应建立消防器材和设施台账,并制定日常巡视、维护保养、火灾使用等管理制度。

电化学储能电站应有结合本站实际的消防应急预案,预案内应包括针对锂离子电池火灾的早期预警、火灾应急处置预案,并定期开展消防演练和消防培训,演练和培训资料存档。

电化学储能电站应建立与当地消防救援单位的应急联动响应预案,同时商请附近相关消防救援单位增加针对性的消防措施。

电化学储能电站现场运行专用规程应涵盖消防设施管理、操作与维护规程,并对重要的消防设施如火灾报警系统、自动灭火系统等,制定专用规程。

电化学储能电站设备区应为一级动火区,动火作业应按相关规定执行,作业时应严密监视火灾报警系统及可燃气体监测系统监测状态。

电化学储能电站站内严禁存放易燃易爆物品,因施工需要的易燃易爆物品,应按规定要求使用和存放。

运维人员应熟悉锂离子电池燃烧特性、火灾自动报警系统、自动灭火系统及其联动控制策略,熟知消防设施和器材的使用方法,熟知火警电话及报警方法,熟知消防器材摆放地点及本单位消防负责人联系方式,掌握自救逃生知识和消防技能。

2. 设备巡视

电化学储能电站运行维护人员应结合电力设备日常巡视周期定期进行巡视，巡视应填写相关记录。巡视应包括但不限于下列内容：

（1）空调系统是否处于正常运行状态。

（2）消防设施是否处于正常运行状态。

（3）电池预制舱通风系统是否处于正常运行状态。

（4）可燃气体检测系统是否处于正常运行状态。

（5）消防器材是否完好可用。

（6）消火栓系统是否功能完好可用。

（7）消防安全标识是否在位、完整。

（8）动火作业情况。

（9）防火封堵情况。

（10）消防通道、疏散通道是否被占用。

（11）其他火灾隐患等。

任何单位和个人严禁擅自关停消防设施。消防设施投入使用后，应处于正常工作状态，自动灭火系统应处于自动状态。消防设施的电源开关、管道阀门，均应处于正常运行位置；对需要保持常开或常闭状态的阀门，应采取铅封、标识等限位措施；对具有信号反馈功能的阀门，其状态信号应反馈到24h有人值守的监控后台。

电化学储能电站运维单位应定期进行防火检查，每月不少于1次。防火检查内容应包括但不限于下列内容：

（1）防火巡查落实情况；

（2）消防设施维护保养检测工作实施情况；

（3）火灾隐患整改情况；

（4）用火、用电有无违章情况；

（5）消防监控值班情况；

（6）火灾应急预案、演练及人员培训情况。

9.5.5 应急处置

电化学储能电站应在投运前根据电池室（舱）设备区域的消防设施布置情况编写该站专用的《电化学储能电站火灾事故现场处置方案》，定期组织建设、施工、调试、验收、运维人员学习，并在站内显著位置公示；电化学储能电站应制定应急处置预案和流程，张贴在站内显著位置，并定期组织应急演练。

电化学储能电站运维班人员应根据电化学储能电站投运后现场建筑布置与出入通道情况编写该储能电站专用的《电化学储能电站现场应急疏散预案》，并组织运维班人员学习。电化学储能电站投运前，运维班负责人应组织运维人员根据该预案进行紧急疏散演习。

电化学储能电站运维人员应在储能电站投运前组织学习站内火灾报警系统、自动灭火系统、排气风机的配置情况与操作方法，确保在正常状态、事故状态下正确使用消防及其附属设备。

应急处置原则：事故应急救援工作是在预防为主的情况下，贯彻统一指挥、分级负责、区域为主、单位自救和社会救援相结合的原则。

1. 以人为本、预防为主

坚持"先避险，后抢险，先救人，再救物，先救灾，再恢复"的基本救援原则。

2. 快速反应、及时处置

一旦发生事故，应立即启动应急处置流程，迅速采取有效措施，尽可能地控制事态发展，以减少人员伤亡和财产损失。

3. 及时报告、按规通报

发生事故后应在第一时间内报告储能电站应急处置管理机构总指挥和主管单位负责人，在规定时间内及时向上级有关部门报告。

4. 主次分明、科学施救

电化学储能系统火灾过程复杂、火势蔓延快、破坏力强、不易察觉，施救过程中应严格遵循优先保障人身安全的原则，在安装调试、并网验收、运行维护全过程，一旦发现储能系统出现火灾苗头，应立刻组织人员快速有序撤离，并确认自动灭火系统是否已启动。不能确认完全安全的情况下，严禁非专业抢险救援人员以外的任何人员进入站内危险区域。

9.6 国内外电化学储能电站典型安全事故案例

国外储能技术起步较早，商业化应用发展很快，在韩国、美国、日本等部署了大量集中式和分布式电化学储能电站。最近几年，国外、国内储能电站也发生了多起火灾安全事故（事故现场见图 9–11），引起了社会的广泛关注。

图 9-11 储能系统火灾事故现场

9.6.1 国外储能安全状况

近年来，韩国陆续部署了 1000 多个锂离子电池储能项目。韩国自 2017 年 8 月至今，先后发生了 30 余起储能电站火灾事故。根据 2019 年 6 月 11 日韩国政府发布《储能电站火灾事故调查结果报告》，在前 23 起安全事故中，按储能电站容量规模划分，不足 1MWh 的电站有 1 起，1 ~ 10MWh 规模的电站有 17 起，超过 10MWh 规模的电站有 5 起；按储能电池类型划分，三元锂电池的储能电站有 21 起，磷酸铁锂电池的储能电站有 2 起；按应用场景划分，参与可再生能源发电应用的电站有 17 起，参与电力需求侧管理的储能电站有 4 起，参与电力系统调频的电站有 2 起；按发生事故时所处状态划分，充满后待机中发生火灾的储能电站有 14起，处于充放电运行状态的有 6 起，尚处于安装或调试状态的有 3 起。

　　为了查明事故原因，韩国调查委员会在事故现场调研的基础上，先后组织开展76项比对性事故试验，围绕安全的起因，最终得出5项结论：①电池保护系统存在缺陷；②运行环境管理不规范；③安装与调试规程存在缺失问题；④综合保护管理体系不完善；⑤部分电池存在制造缺陷，易发生电池内部短路进而诱发火灾事故。

　　韩国发布的《储能电站安全强化对策》中指出，为预防和应对储能系统火灾，针对锂离子电池储能装置特点，从5个方面实施安全强化措施：①改进在"产品－安装－运行"等前期周期中的安全标准和管理制度，制定针对储能系统的消防标准；②大幅强化产品及系统层面的安全管理；③强化储能系统设置基准：强化屋内安装技术条件，强化安全装置及环境管理，增强监控功能；④强化运维管理制度：强化法定检查，新设不定期维修强制条款；⑤根据特定消防对象设定火灾安全基准，制定火灾安全标准，2019年下半年制定专门的储能电站标准化火灾应对程序，强化消防应对能力。

　　通过公开资料检索，2011—2012年期间，美国先后发生的3起电化学储能电站的火灾事故，事故地点最早是夏威夷Kahuku风电场储能电站，发生火灾时间分别为2011年4月、2012年5月、2012年8月。Kahuku风电场风电装机容量为30MW，并配备15MW的铅酸电池储能系统，前两起火灾均是储能系统中ECI电容器发生故障导致起火事件，而第三起则是从储能系统的电池箱内部起火并迅速扩散蔓延导致火灾。事故调查报告显示，这三起事故主要原因是储能系统安全设计不足以及防护设施缺失，当储能系统周边的电器部件引发起火时，储能系统无法采取有效动作规避安全风险致使发生连锁反应。除此之外，2011 年 7 月 29 日纽约州斯蒂芬镇的 20MW 飞轮储能系统发生一起严重的机械事故，造成设备损坏。

2019 年 4 月 19 日亚利桑那州 McMicken 变电站中锂离子电池储能设备发生起火事件，该变电站安装有 2 套 2MW/2MWh 三元锂离子电池储能系统，2017 年建成投运，主要用于提升光伏发电的并网友好性，该变电站储能系统出现故障后，在消防人员开展现场检查时发生爆炸，消防员受伤。2020 年 7 月 18 日，亚利桑那州公用事业服务公司(APS)发布《McMicken 电池储能系统事件技术分析及建议》，该报告将引发此次事故的原因总结为 5 个方面：①电池内部故障引发热失控；②灭火系统无法阻止电池的级联式热失控；③电芯单元之间缺乏足够的隔热层保护；④易燃气体在没有通风装置的情况下积聚，当预制舱门被打开时引起爆炸；⑤应急响应计划没有灭火、通风和进入事故区域的程序。储能电站火灾等事件之后，美国的消防协会、国家运输安全委员会、联邦航空署以及 UL 实验室等机构长期以来一直重视锂离子电池的安全问题。2017 年 1 月，美国消防协会(NFPA)组织成立了储能系统技术委员会，目的是共同制定储能系统从设计到安装和使用，以及应急救援全过程的安全操作与应急响应标准。到目前为止，美国在储能系统的安装规范和安全标准方面，已经制定了包括相关的美国电气规范(NEC)、国际防火法规(IFC)、国际建筑规范(IBC)、国际住宅规范(IRC)、储能系统安装规范(NFPA 855)、储能系统和设备的安全标准(UL

9540)，以及评价储能系统热失控扩散危险性和消防措施有效性的大规模火烧测试标准（UL 9540A）等。

2011 年 9 月 21 日上午，日本茨城县三菱材料筑波制作所内的一座 1MW/6MWh 钠硫电池电站发生火灾，10 月 5 日大火被扑灭。日本钠硫电池制造商在事故发生当天成立了事故调查委员会。事故调查表明，钠硫电池储能系统中存在 1 个"不合格"的钠硫电池单元，该电池单元的破损导致高温熔融物（液态的钠和硫）从内部流出致使相邻的区块之间发生了短路。在发生火灾的同时，熔融物流出，火势便蔓延到了整个储能电站。事故后，日本钠硫电池制造商推出钠硫电池安全防护强化措施，包括为每一节电池设置了防火板，电池元件之间增加了熔断器，在电池模块之间放置绝缘板，还在电池模块之间的上下方放置防火板。此次事故说明钠硫电池的安全技术及火灾对策并不成熟。为此，日本钠硫电池制造商在加强安全防护工艺的同时，还提出了钠硫电化学储能电站安全强化对策，如"建立用来在早期发现火灾的监控体制""设置灭火防火设备并建立灭火体制"及"制定火灾发生时的逃生线路并建立引导疏散体制"等。

9.6.2　国内储能安全状况

目前，我国从公开资料查到的储能电站火灾，具有较大影响的是 2017 年 3 月 7 日和 2018 年 12 月 22 日在山西某火电厂发生的两起锂离子电池储能系统火灾事故，2018 年 8 月江苏镇江磷酸铁锂储能系统火灾，以及 2021 年 4 月 16 日，北京集美大红门 25MWh 直流光储充一体化电站火灾事故。山西某火电厂安装 3 套 3MW/1.5MWh 预制舱式三元锂离子电池储能机组，用于辅助机组 AGC 调频。两次火灾事故分别造成一套储能系统设备损坏。根据山西省消防总队的调查认定，2017 年 3 月 7 日的储能系统火灾事故发生在系统恢复启动过程中，原因为浪涌效应引起的过大电压和电流，而系统 BMS 未得到有效的保护，不能实施管理 Rack BMS 的功能，也直接掉线，导致事故蔓延扩大。另外，该系统设置的七氟丙烷灭火系统虽然执行了动作，但是未能将火灾扑灭。2021 年 4 月 16 日，北京集美大红门 25MWh 直流光储充一体化电站起火，在对电站南区进行处置过程中，电站北区在毫无征兆的情况下突发爆炸，导致 2 名消防员牺牲，1 名消防员受伤(伤情稳定)，电站内 1 名员工失联。该事故的诱因可能涉及储能电池、电池管理系统、电缆线束、系统电气拓扑结构、预警监控消防系统、运行环境、安全管理等多方面，由于目前能够得到的信息有限，尚未能对具体事故原因下定论。除此以外，还有部分集中式储能电站、分布式储能系统在施工和安装调试中出现过正负极短接、耐压测试击穿、装配时意外滑落等误操作，造成了电站中部分储能单元发烟和燃烧等，但除此次北京集美大红门 25MWh 直流光储充一体化电站火情事故外，均未造成重大人员伤亡和财产损失。

可见，各类型电化学储能电站均有发生安全事故可能性，但由于锂离子电池本征安全风险的存在，且存量最大，因此防范锂离子电池安全火灾是重中之重。目前已发生的火灾中，三元电池占比最高，且多发生于 1MWh 以上的大容量电站中。

10 电化学储能电站调试技术

随着电池储能产业的高速发展，电池成本不断降低，应用于电网侧的电化学储能电站数量及规模也在显著增加。调试是电化学储能电站从建设到投运的关键环节，对于检查设备设计或安装缺陷、检验设备技术性能方面具有至关重要的作用。为推进储能电站建设进度，并保障设备投运质量，提升储能电站运行安全水平，现场工作需要明确调试内容及调试流程。本章对储能电站工程建设中储能设备单体调试、对拖联调试验、并网试验、源网荷系统试验、AGC/AGC 功能试验方法与流程进行详细介绍，以期为现场工作人员提供指导。

10.1 储能电站设备单体调试

10.1.1 电池调试

1. 调试条件

（1）所有电气开关、接线敷设连接完毕。

（2）各电池模块接线完毕，各种开关面板接线完毕。

（3）线路绝缘电阻测试合格。

（4）桥架、电缆敷设完毕，电缆绝缘测试合格。

（5）母线敷设完毕，绝缘测试合格。

（6）配电箱、柜安装完毕，绝缘测试合格。

2. 调试方法及步骤

电池的调试分单体电池、所有连接件、开关及功率部件、BMS 系统各部分各自单独调试，检查好所有线路连接准确后，换另外一人用仪表进行测量无误。所有测试人员穿戴好绝缘装备，准备进行调试：

（1）准备工作：配备 1000V 绝缘表、钳型电流表、万用表各两只及电工工具。

（2）电池模块检查：

1）用万用表检测各模块的电压与标称电压是否相符，各模块电压差在 0.5V 内正常。

2）用内阻检测模块内阻，内阻差在 10mΩ 内正常。

3）用绝缘表检测各模块的绝缘阻值，绝缘阻值大于 2GΩ 正常。

（3）电池簇测试：

1）检查整簇接线是否完好，灰尘是否清扫干净，高压盒开关的分合是否完好。

2）用万用表检测整簇电池的电压与标称电压是否相符，各簇电压差在 5V 内正常。

3）用绝缘表检测各电池簇的绝缘阻值，绝缘阻值大于 500MΩ 正常。

10.1.2　BMS 调试

1. 调试条件

（1）铭牌制作符合设计技术文件相关要求，外观完好无损，型号及规格与技术文件、设计图纸符合。

（2）光纤、通信线、采样线等符合工艺文件要求。

（3）BMS内部所有电缆连接螺栓、插件、端子连接牢固，无松动。

（4）控制电源检查合格，具备投入条件。

（5）BMS至电池、BMS至PCS通信接引完毕，极性正确，绝缘检查合格，具备接入条件。

（6）机箱外壳安全接地检查合格。

（7）BMS的手动分合闸装置操作灵活，接触良好，开关位置指示正确。

（8）若BMS配有专门的冷却散热装置，安装完毕并具备投入条件。

（9）BMU安装完成，电源线、数据线敷设完毕并完成接线，具备上电条件。

（10）BMS与PCS柜间通信线已敷设接线完成，通信可靠。

（11）BMS与监控系统通信线已敷设接线完成，通信可靠。

（12）人机界面上各种参数设置正常。

2. 基本功能调试

（1）BMS实时采集电池电压，具体采集数据指标如下：

单节电池电压采集范围：1～3V。

电压采集精度：0.1% FS + 0.1% RD（注：FS为满刻度值，RD为读数值）。

系统带电后，应逐一检查单体电池电压，应与BMS采集显示电压一致。

（2）BCMU 可以实时采集电池组端电压，具体指标如下：

电池组端电压采集范围：0 ~ 1000V。

电压采集精度：0.1% FS + 0.1% RD。

系统带电后，应逐一检查电池组端电压，应与 BMS 采集显示电压一致。

（3）当 BMU 连接温度传感器时，BMU 可以采集电池的实时温度，然后通过 CAN 总线上传给 BAMS，采集的指标如下：

温度采集范围：$-20 ~ +85℃$。

温度采集精度：$1℃$。

电池单体之间温度应无明显差别，否则应就地检查电池温度是否正常。

（4）通过 PCS 对电池组进行充放电，当 BCMU 连接分流器时，BCMU 可以采集电池组的实时充放电电流，然后通过 CAN 总线上传给 BAMS，采集的指标如下：

电流检测范围：150A/75mV。

电流检测精度：0.5%（满量程）。

分别设置不同的充放电电流值，用 4 位半万用表的"mV 挡位"测量分流器两端电压值，然后换算为电流值（或者用钳形电流表直接测量直流电流），再同 BAMS 显示的电流值比较，实际测量值与 BAMS 显示的电流值应无明显差别。

（5）BMU 实时计算每节电池的 SOC 值，并通过 CAN 总线上传到 BAMS。SOC 的计算指标如下所示：

SOC 范围：0 ~ 100%。

SOC 分辨率：1%。

SOC 精度：8%～10%（要求标定 SOC 初始值）。

（6）BMU 能够有效地对电池进行均衡，使电池保持较好的一致性，均衡为主动无损均衡。均衡指标如下所示：

均衡方法：在均衡过程中，每通道只能有一节进行均衡。

均衡电流：2A。

均衡条件：开路测试。

测试时，人为放入几节电压较低的电池，开路静置状态，每隔 5min 记录一次压差，结果应满足相关产品技术条件规定（注：均衡电流可以使用钳形表进行观察）。

（7）BMU 和 BCMU 能够输出各种报警量，用于控制系统，使系统安全运行，报警量包括单体电池电压、总电压、SOC、温度、通信、硬件等，具体应进行下列工作：

1）降低单体电池电压报警定值，模拟单体电池电压过高，BMS 应正确输出报警量。

2）升高单体电池电压报警定值，模拟单体电池电压过低，BMS 应正确输出报警量。

3）降低单体电池温度上限报警定值，或者将温度探头放入高温环境，模拟单体电池温度过高，BMS 应正确输出报警量。

4）升高单体电池温度下限报警定值，或者将温度探头放入低温环境，模拟单体电池温度过低，BMS 应正确输出报警量。

5）降低环境温度报警、保护定值，模拟环境温度过高，BMS 应正确输出报警量。

6）降低电池组端电压上限报警值，模拟电池组端电压过高，BMS 应正确输出报警量。

7）升高电池组端电压下限报警值，模拟电池组端电压过低，BMS 应正确输出报警量。

8）放空电池或者升高 SOC 下限报警值，模拟电池 SOC 过低，BMS 应正确输出报警量。

9）拔掉温度采集线，模拟温度采集故障，BMS 应正确输出报警量。

10）拔掉电压采集线，模拟电压采集故障，BMS 应正确输出报警量。

11）拆除某一节电池线，模拟电池线连接故障，BMS 应正确输出报警量。

12）断开 BMU、BCMU 及 BAMS 的 CAN 连接线，模拟CAN 通信故障，BMS 应正确输出报警量。

3. 单体信息读取

进入 1~6 簇实时数据界面，查看电压与温度信息是否正常。电池堆信息显示见图 10-1，电池簇信息显示见图 10-2。

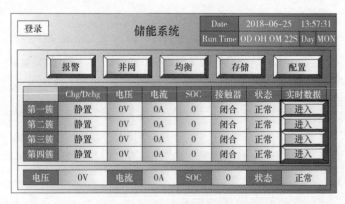

图 10-1　电池堆信息显示

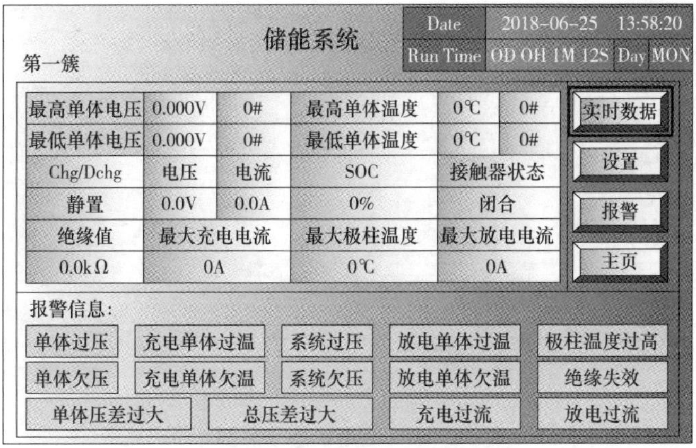

图 10-2 电池簇信息显示

4. 绝缘总压

查看 1~6 簇电压与绝缘是否正常，必须保证 1~6 簇都是使用状态。簇电压、绝缘信息显示见图 10-3，使用状态信息显示见图 10-4。

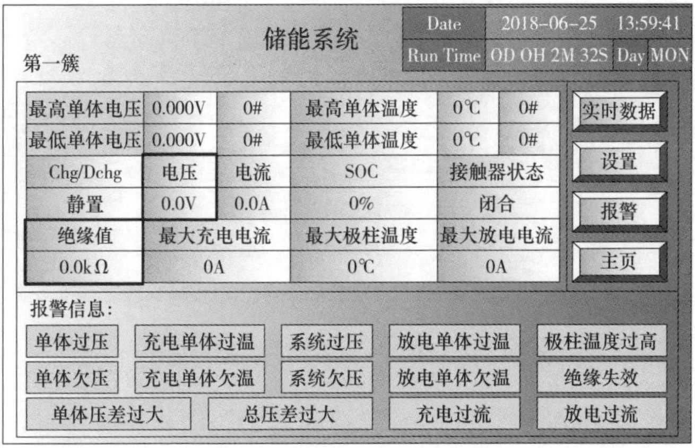

图 10-3 簇电压、绝缘信息显示

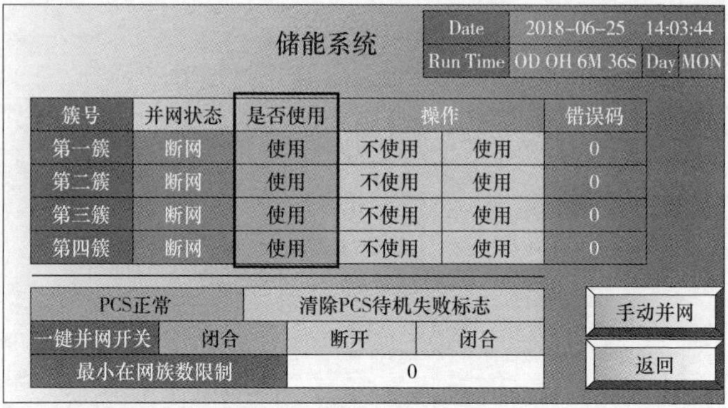

图 10-4 使用状态信息显示

5. 接触器调试

进入并网界面，将 1～6 簇置为使用状态，闭合一键并网
开关。闭合一键并网开关信息显示见图 10-5。

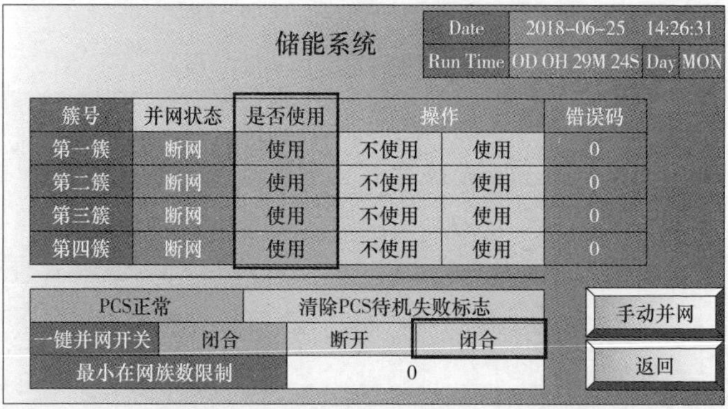

图 10-5 闭合一键并网开关信息显示

等待 1min，查看 1～6 簇接触器是否闭合。簇接触器闭
合信息显示见图 10-6。

260

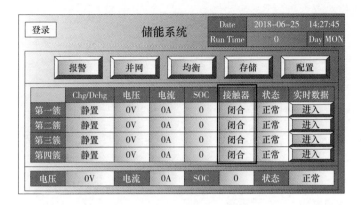

图 10-6 簇接触器闭合信息显示

6. 与 PCS 通信调试

将 RS485 接在 PCS485A、PCS485B 上，打开 SSCOM，配置如图 10-7 所示。

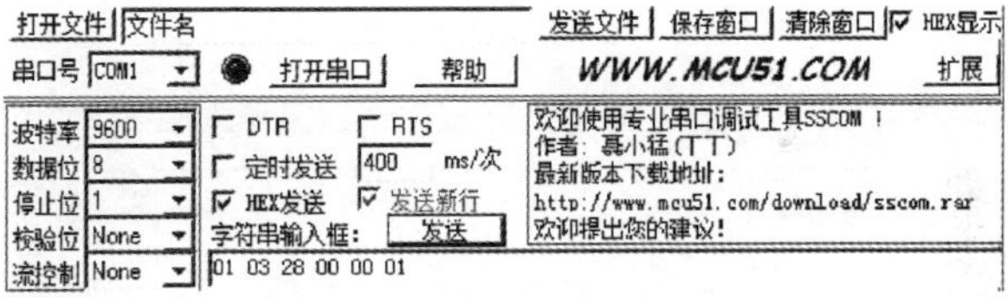

图 10-7 SSCOM 配置

观察是否有 0110 开头的报文主动发出。

7. 与就地监控通信调试

打开 ModbusPoll 软件，将现场的 BMS 的 IP，端口号，填入对应位置，见图 10-8。

将寄存器地址设为如图 10-9 所示。

观察数据显示是否正常。

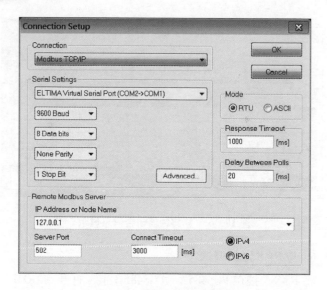

图 10-8　ModbusPoll 软件设置

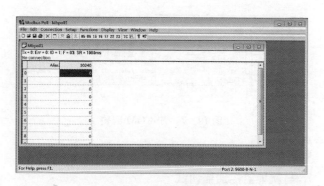

图 10-9　寄存器地址设置

8. 与 EMS61850 通信

打开 61850 客户端模拟软件，加载对应模型文件，见图 10-10。

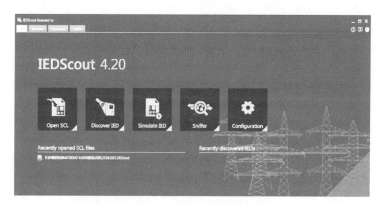

图 10-10　61850 客户端模拟软件

点击 OnLine，观察数据显示是否正确。

10.1.3　汇流柜调试

（1）铭牌制作符合设计技术文件相关要求，外观完好无损，型号及规格与技术文件、设计图纸符合。

（2）电源、通信线、采样线等符合工艺文件要求。

（3）汇流柜内部所有电缆连接螺栓、插件、端子连接牢固，无松动。

（4）控制电源检查合格，具备投入条件。

（5）汇流柜至电池、汇流柜至 PCS 直流电缆接引完毕，极性正确，绝缘检查合格，具备接入条件。

（6）柜体外壳安全接地检查合格。

（7）汇流柜的手动分合闸装置操作灵活，接触良好，开关位置指示正确。

（8）汇流柜安装完成，电源线、数据线敷设完毕并完成接线，具备上电条件。

（9）汇流柜与 PCS 柜间通信线已敷设接线完成，通信可靠。

（10）汇流柜与监控系统通信线已敷设接线完成，通信可靠。

10.1.4 PCS 调试

1. 调试前的检查

（1）在调试之前，组织有关人员熟悉图纸，做好技术交底工作，确保在调试过程中的人员和设备安全。

（2）调试人员及设备准备，工程调试人员已进场，调试所需工具设备齐全。

（3）直流侧接线检查：测量电池组的开路电压，保证开路电压不超过储能变流器最大直流电压；确认线缆正负极连接正确；检查线缆铜鼻是否存在压皮现象；确保线缆紧固力矩符合要求。

（4）交流侧接线检查：确定交流连接电缆的相序；检查线缆铜鼻压紧状况，压接数量应在两道以上；检查线缆铜鼻是否存在压皮现象；网侧电压与储能变流器单元额定输出电压相匹配；确保线缆紧固力矩符合要求。

（5）接地线检查：接地连接必须符合项目所在国家/地区的接地标准及规范；接地连接与设备、接地极的连接必须紧固可靠；接地完毕后须测量接地电阻，阻值不得大于 4Ω。绝缘防护罩完整可靠，危险警告标签清晰牢固。

（6）通信参数检查：通信接线正确，与后台确认相关通信参数正确无误。储能变流器与上位机通信支持 RS485 串口通信和网络通信两种方式，推荐使用网络通信模式。储能变流器与 BMS 通信方式可以选择：无通信、CAN、串口，推荐使用 CAN 通信模式。

2. 静态调试

静态调试包括安装完成后送电前检查及准备。

（1）设备外观检查：检查柜内设备无移位、固定螺栓无松动，检查 PCS 集装箱外观完好，检查 PCS 集装箱内部电气元部件正常、直流铜排螺栓无松动，检查 PCS 集装箱外部接地与内部设备接地良好、无断开点。

（2）集装箱内部电气部分：PCS 集装箱内部接地及箱体接地，箱体内交流配电检查，箱体内直流配电线路检查，二次控制回路检查，低电压框架断路器机构检查自动分合与手动分合是否正常。

（3）箱内辅助设备：照明及应急照明检查、消防通道检查、消防烟感检查。

3. 动态调试

PCS 集装箱设备检查正常后上电，以 PCS 集装箱（1MW）为单位调试，对客户现场电池进行充放电循环，激活锂电池按照对 PCS 集装箱相应功率或能量出力要求进行充放电测试并做好调试记录，记录功率曲线，检验 PCS 系统集装箱是否满足客户要求的功率及能量；所有集装箱调试结束并合格，再进行整体调试。

4. 通信调试

PCS 与电池组 BMS 和后台 EMS 进行通信联调，由于所有出厂设备已经在厂内与 BMS 和 EMS 进行过详细的通信及控制测试，所以在现场仅需进行通信对点和简单的遥控测试。

5. 策略调试

策略调试包括对储能控制流程调试与储能控制策略调试。储能控制流程调试是指系统运行起来之后，EMS 系统能否按照用户指令和系统当前状态及时响应，正确动作；储能控制策略调试是指根据现场储能响应效果，来对储能控制策略和模型相关参数进行调整，以适应系统本地化需求。策略调试需要相关 EMS、BMS、集控室等都正常运作，通过暂时的系统运行来收集数据，对数据做分析来判断系统的可靠性，进而做出调整。

10.1.5　EMS 调试

1. 通用检验

（1）屏柜检查。

1）检验内容及要求。

a. 检测监控系统主机、显示器、交换机、打印机等安装位置是否与设计图纸相符。

b. 装置数量、型号、额定参数与设计相符合。

c. 检查装置、屏柜是否有螺钉松动，是否有机械损伤，是否有烧伤现象；小开关、按钮是否良好。

d. 检查装置接地，应保证装置背面接地端子可靠接地；检查接地线是否符合要求，屏柜内导线是否符合规程要求。

e. 检查屏内的电缆是否排列整齐，是否避免交叉，是否固定牢固，不应使所接的端子排受到机械应力，标识是否正确齐全。

f. 检查光纤、网线是否连接正确、牢固，有无光纤损坏、弯折现象；检查光纤、网线接头完全旋进或插牢，无虚接现象；检查光纤、网线标号是否正确。

g. 检查屏内各独立装置、继电器、切换把手和连接片标识正确齐全，且其外观无明显损坏。

2）检验方法。查看计算机主机、显示屏或者打开屏柜前后门，观察待检查设备的各处外观。打开设备面板检查模件前，操作人员必须与接地面板接触以将携带的静电放掉。

（2）设备工作电源检查。

1）检验内容及要求。

a. 正常工作状态下检验：装置正常工作。

b. 110%额定工作电源下检验：装置稳定工作。

c. 80%额定工作电源下检验：装置稳定工作。

d. 电源自启动试验：合上直流电源插件上的电源开关，将试验直流电源由零缓慢调至80%额定电源值，此时装置运行灯应燃亮，装置无异常。

e. 直流电源拉合试验：在80%直流电源额定电压下拉合三次直流工作电源，逆变电源可靠启动，保护装置不误动，不误发信号。

f. 装置断电恢复过程中无异常，通电后工作稳定正常。

g. 在装置上电掉电瞬间，装置不应发异常数据，继电器不应误动作。

2）检验方法。将装置接入可调直流电源，并调节直流电源电压至设定值开展试验。

2. 监控后台功能检查

（1）数据库功能检查。

1）检查内容及要求。

a. 实时数据库刷新周期和数据精度检查。实时数据库刷新周期和数据精度应满足装置技术条件的要求。

b. 历史数据库分类查询功能检查。检查历史数据库分类查询功能应满足装置技术条件的要求。

c. 数据库的增加、删除、修改功能检查。检查数据库的增加、删除、修改功能，满足技术条件的要求。

2）检验方法。采用继电保护测试系统，通过继电保护测试仪给智能监测设备输入各电流、电压值，检查实时数据库刷新周期和数据精度。产生各种历史数据，检查历史数据库分类查询功能，检查数据库的增加、删除、修改功能。

（2）画面生成和管理功能检查。

1）检查内容。检查后台监控主机画面生成和管理功能是否正常。

2）检查方法。在后台操作画面及数据库，检查结果正确性。

（3）报警管理功能检查。

1）检查内容。检查报警功能及事故画面相应信号。

2）检查方法。产生各种事故信号，观察报警管理功能正确性。

（4）在线计算和记录功能检查。

1）检查内容。检查电压合格率、变压器负荷率、全站负荷率、站用电率的在线计算功能以及主要设备动作次数，电压、有功、无功的最大、最小值记录功能。

2）检查方法。通过继电保护测试仪给智能电子设备输入各电流、电压值，检查在线计算和记录功能。

（5）历史数据记录管理功能检查。

1）检查内容。检查历史数据库、历史事件库内容和时间记录功能。

2）检查方法。查找历史数据库、历史事件库的内容及记录时间。

（6）打印管理功能检查。

1）检查内容。检查事故打印和 SOE 打印以及操作、定时、召唤打印功能。

2）检查方法。在后台监控主机界面上直接操作。

（7）操作控制权切换功能检查。

1）检查内容。后台监控系统（含能量管理系统）在操作控制权切换时相关信号及动作行为正确性。

2）检查方法。现场切换远方、就地，在后台监控主机界面上直接操作。

（8）系统自诊断和自恢复功能检查。

1）检查内容。后台监控系统在故障切换时的告警及动作行为正确性。

2）检查方法。在后台监控主机、网络交换机上操作。

3. 配合智能管理设备的监控功能调试

（1）检验前的准备。检验人员在智能电子设备的配合检验前应熟悉图纸，并了解各传输量的具体定义并与后台监控系统的信息表进行核对。

通过 SCD 文件检查各种智能电子设备的动作信息、告警信息、状态信息、定值信息、遥控信息、遥调信息的传输正确性。

现场应制定配合检验的传动方案。检查 PCS 的 61850 模型无误，进行统一建模，地址分配。

（2）检验内容及要求。遥测、遥信数据上送调试。变位实时上送调试，特别对控制、保护、显示用的重要遥测、遥信数据进行逐一测试。注意确保现场每台 PCS 实际编号与后台定义的编号一致。

遥控、遥调数据控制调试。采用本地模式对各控制指令（包括有功、无功和开关机指令）进行逐一测试，和现场 PCS 进行指令结果校对。确保各指令内容下发正确，各 PCS 接受正常，以及指令和 PCS 标号匹配正确。

在进行控制指令调试时，建议 PCS 采用测试模式，避免实际功率的吞吐。做好意外情况的预案。

（3）检验方法。

1）与电池管理系统（BMS）的调试。检查 BMS 的 61850 模型无误，进行统一建模，地址分配。

遥测、遥信数据上送调。保证现场各 BMS（及其管理电池堆）与后台定义的编号一致。进行 BMS 遥信、遥测变位上送测试，校对确保控制、显示相关重要的数据点的准确性。

2）联合调试。校核保测、PCS、BMS 等装置的采集数据实时上送的准确性；验证从调度 – 远动 – 后台 – PCS 的控制链路的有效性和各个控制指令的准确性；验证 EMS 控制逻辑的合理性；各装置联动部分的正确性；以及不同控制模式之间切换逻辑的正确性。从而验证整个储能系统的二次控制性能。

确保现场的 BMS 及其对应的 PCS 在后台反映的准确性，以确保后台 EMS 控制的准确性。

3）与调度系统的调试。与储能电站的主管调度部门确认 104 通信点表，配置对点。遥测、遥信有效上传，遥控遥调有效接受。特别是有功、无功相关的信息要统一双方的认识。

在有条件的情况下，要进行遥信遥测的预上送测试和遥信遥调的预控制测试，验证储能电站 AGC 和 AVC 的交互逻辑；没有条件的情况下，进行模拟调试。

确保与调度系统的通信正常、点表无误和逻辑正确。

10.1.6　消防系统调试

1. 系统调试条件

（1）根据系统设计图纸检查系统安装是否符合设计要求。

（2）消防系统各类设备都已进行过单机通电检查和试运转，正常后才能进行系统的调试。

（3）检查消防主机接地情况。

（4）系统供电正常，检查输入电源 AC220V 及输出 DC24V是否正常，检查后备电池是否供电正常。

（5）火灾自动报警系统处于工作状态。

2. 火灾报警系统调试

（1）检查消防主机/火灾报警图形显示装置。

（2）系统上电后，检查液晶屏是否显示正常。

（3）检查消防主机或火灾报警图形显示装置的探测器编号是否与消防系统布局图一致。

（4）使用备用电源进行供电，应提示"主电供电"；继续使用 AC220V 进行供电，应提示"备电工作"和"备电充电"。

（5）系统显示"自动模式"或"手动模式"应与紧急启停开关的"自动"或"手动"对应。

（6）系统故障指示灯应为绿色。

（7）系统显示日期正常。

（8）干接点显示状态应为常态。

3. 报警装置测试

（1）系统上电，通过消防主机或火灾报警图形显示装置对待测储能系统进行"系统检测"操作。站内和站外声光报警器应先进行声光提示 10s，随后站内和站外声光报警停止提示，放气勿入继续放气提示 10s，系统恢复正常。

（2）如果报警装置没有报警提示或没有按照上述报警顺序进行报警提示则视为不通过。

4. 火灾探测器测试

（1）系统断电，将火灾探测器与消防系统断开，系统上电后 10s，根据安装图纸，将火灾探测器按照递增序号依此接入消防系统，检查探测器编号是否编码正确。

（2）采用专用的"烟雾发生器"进行测试，探测器正常工作后，烟嘴对准待测探测器，30s 后储能系统声光报警装置启动，表示探测器工作正常，否则不正常。

5. 紧急启停开关测试

（1）检查紧急启动及紧急停止操作是否正确可靠。

（2）手/自动转换开关是否正常可靠，并指示到相应的工作模式。

6. 气体灭火系统调试

各个防护区进行模拟灭火器喷气试验，模拟自动启动试验前，将主动钢瓶上的电磁阀启动器从钢瓶头阀上拆下固定好，再使被试验防护区的探测器接受模拟火灾信号。

（1）自动启动调试。将系统设置为"自动"工作模式。

（2）模拟一个报警点预警，不应启动；模拟两个则进入"延时启动"。

（3）手动启动调试。对紧急启停开关进行"紧急启动"操作，系统应在 2s 内进入"延时启动"。

（4）延时启动。气体灭火系统进入至延时阶段，消防系统液晶屏有默认 30s 的延时功能。紧急启停开关应有"延时"指示。

（5）联动关闭辅助系统。

（6）启动。

1）延时启动时间为 0 时，系统进入启动阶段。

2）消防系统液晶屏"手动启动"指示灯为红色。

3）紧急启停开关"启动"指示灯工作。

4）启动线输出 24V。

（7）放气。

1）气体灭火器启动结束，消防系统进入放气指示阶段。

2）消防系统液晶屏"放气"指示灯为红色。

3）紧急启停开关"放气"指示灯工作。

4）放气勿入指示灯工作。

（8）停止启动。系统在延时启动时，进行"紧急停止"

操作，系统应进入停止启动状态，消防系统液晶屏"手动停止"指示灯为红色。

（9）调试完毕后，对系统进行复位，并清除故障。

7. 消防联动模拟检测

（1）在以上各项设备功能试验合格后，再进行与之相关的联动调试试验。

（2）首先模拟探测器报警，当任一报警点报警后，相应联动设备动作。所有 BMS 干接点应同步输出报警信号。

（3）模拟手动启动后，消防系统应能够联动动力配电箱进线开关的分励脱扣，切断辅助设备供电，此时，应急照明自动投入事故照明。

（4）上述设备动作后，火灾图形均应收到反馈信号。

10.2 储能电站对拖联调试验

对拖联调试验利用电池剩余电量完成电池及 BMS 系统、PCS 室系统及 EMS 系统的整体联调工作。通过控制 PCS 系统对电池进行充放电，检验各单体系统及整体系统的性能，为储能电站整套启动调试奠定基础。

对拖统联调主要目的是校核保测、PCS、BMS 等装置的采集数据实时上送的准确性；验证从 EMS-PCS 的控制链路的有效性和各个控制指令的准确性；验证 EMS 控制逻辑的合理性以及各装置联动部分的正确性，从而验证整个储能系统的二次控制性能。

试验需有且只有一个 PCS 处于电压频率控制模式，即作为平衡接点，其他参与对拖的 PCS 处于功率控制模式。EMS

后台单独给各处于功率控制模式的 PCS 下发功率指令，后者响应功率调节指令的同时，平衡接点通过电压频率控制自行跟随响应，从而实现功率的充放平衡。对拖试验完成之前，储能系统不具备并网条件，以避免储能系统故障影响电网安全稳定运行。

10.2.1　试验对象条件

（1）储能电站 EMS 室、PCS 室、电池室三大系统调试完毕并通过验收。

（2）储能电站内地网检测试验完成，且各室体与地网连接完好。

（3）储能电站内信号核对完毕，完成 EMS 系统、PCS 室系统和电池室系统三者之间的通信调试。

（4）BMS 系统与 PCS 系统配置临时保护定值，以确保调试过程中的设备安全。

（5）一次交流电缆核相工作已完成。

（6）将试验范围内接入同一进线的电池室和 PCS 室使用围栏防护，张贴设备带电标识。

（7）试验室道路通畅。

10.2.2　调试方法

以某 26MW 电化学储能电站为对象进行试验说明。首先定义 1～26 号储能单元与变流器之间的直流断路器编号：DC1-1、DC1-2～DC26-1、DC26-2，1～52 号变流器并网低压侧断路器 AC1-1、AC1-2～AC26-1、AC26-2。

以下以第 1、2 号储能单元为例，介绍对拖联调试验内容，其余完全相同。图 10-11 给出了 1、2 号储能单元中两电池堆的对拖方案接线图，环网柜与储能单元标号相同。

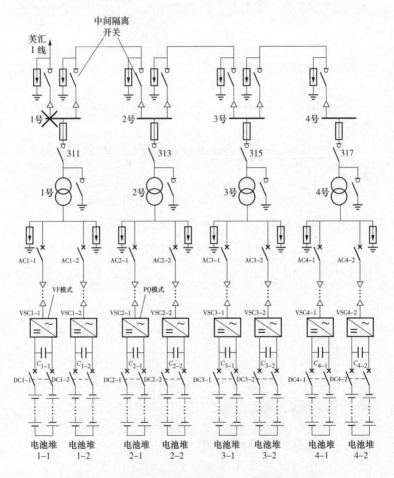

图 10-11 "一拖一"联调试验一次接线示意图

10.2.3　试验初始状态

（1）芙汇Ⅰ线至变电站 302 断路器已断开，1 号环网柜与芙汇Ⅰ线的电缆连接已断开，芙汇Ⅰ线电缆头已做好绝缘，302-1 隔离开关已接地。

（2）负荷开关 311、313、315、317，负荷开关与环网柜电缆之间隔离开关均已分开，变压器低压侧断路器 AC1-1～AC4-2，PCS 交、直流侧断路器，交流接触器，电池堆 1-1～4-2 直流断路器 DC1-1～DC4-2，电池堆 1-1～4-2 各簇高压隔离开关均合上。

（3）VSC1-1 与 VSC1-2、VSC2-1 与 VSC2-2、VSC3-1 与 VSC3-2、VSC4-1 与 VSC4-2，以及与之对应的电池堆及 BMS 系统无异常告警。

10.2.4　试验注意事项

（1）单台 PCS 最大充放电功率不得超过 20kW。

（2）每次对拖单次累积充放电时间不得超过 30min。

（3）对拖充放电期间必须严格控制电池 SOC 不得低于 15%（建议 BMS 厂家设置临时定值 17%）。

10.2.5　PCS 空载软启动

1. 一拖一

分别对需进行对拖试验的两台 PCS 进行空载软启动试验，以其中一台 PCS 为例，试验步骤为：

（1）初始状态下如图 10–12 所示，负荷开关 311、313，两个中间隔离开关，AC1-1、AC2-1，PCS 交、直流侧断路

器，交流接触器，直流断路器 DC1-1、DC2-1，电池堆 1-1、
2-1 各簇高压隔离开关均断开，2 号环网柜与 3 号环网柜的中
间隔离开关已断开。

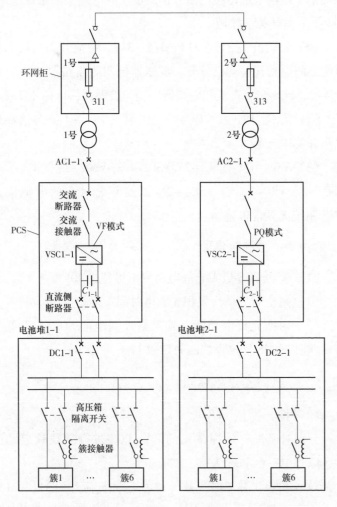

图 10-12 "一拖一"联调试验初始状态

（2）手动闭合电池堆 1-1 各簇高压隔离开关，DC1-1，手动启动电池堆 1-1 的 BMS 并网流程，BMS 自动闭合电池堆 1-1 每簇的接触器，建立直流母线电压。

（3）PCS 从临时电源取电上电，将 PCS（VSC1-1）变流器设置为就地、VF 控制模式。

（4）将 VSC1-1 变流器输出交流电压升至额定值（无手动逐步升压至额定电压过程，自动直接升至额定电压），检查变流器空载启动性能。

可分三个阶段进行检查：

1）断开 AC1-1，断开 311。

手动闭合 VSC1-1 交流侧断路器。手动启动 PCS（VSC1-1），VSC1-1 自动闭合电容充电回路，电容充电完毕后，VSC1-1 自动闭合直流侧断路器、交流接触器，VSC1-1 升压至额定，开关状态见图 10－13；检查如无异常，则将 VSC1-1 降压至 0。将 PCS 停机，退出 BMS 并网流程，将所有开关及接触器恢复至图 10－12 中的初始状态。

2）闭合 AC1-1，断开 311。

重复步骤（1）~步骤（3）。

手动闭合 AC1-1 断路器、VSC1-1 交流侧断路器。手动启动 VSC1-1，VSC1-1 自动闭合电容充电回路，电容充电完毕后，VSC1-1 自动闭合直流侧断路器、交流接触器，VSC1-1 升压至额定，开关状态见图 10－14；检查如无异常，则将 VSC1-1 降压至 0。将 PCS 停机，退出 BMS 并网流程，将所有开关及接触器恢复至图 10－12 中的初始状态。

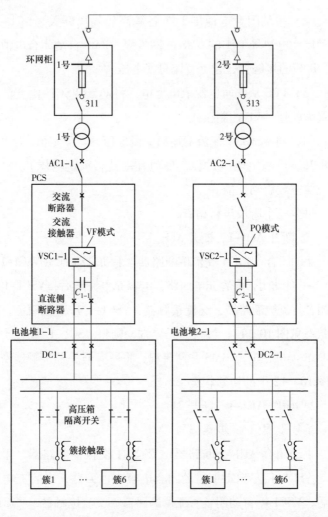

图 10－13 "一拖一"联调试验 VSC 变流器空载升压时开关状态 1

3）闭合 AC1-1，闭合 311，闭合中间隔离开关，闭合 313，断开 AC2-1。

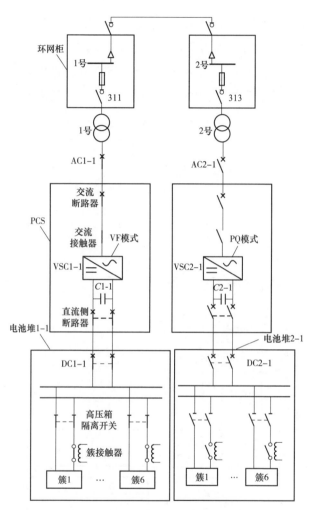

图 10‑14 "一拖一"联调试验 VSC 变流器空载升压时开关状态 2

重复步骤(1)~步骤(3)。

手动闭合 AC1‑1 断路器、311、313，手动闭合 VSC1‑1 交流侧断路器。手动启动 VSC1‑1，VSC1‑1 自动闭合电容充电回路，电容充电完毕后，VSC1–1 自动闭合直流侧断路器、交流接触器，VSC1–1 升压至额定，开关状态见图 10–15；检查如无异常，则将 VSC1–1 降压至 0。将 PCS 停机，退出 BMS 并网流程，将所有开关及接触器恢复至图 10–12 中的初始状态。

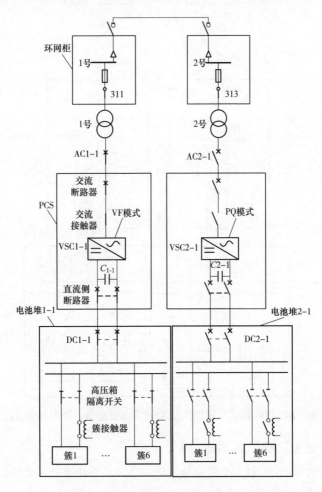

图 10–15 "一拖一"联调试验 VSC 变流器空载升压时开关状态 3

VSC2-1 重复以上步骤进行空载软启动试验。

2. 一拖多

多台 PCS 空载软启动试验分两个阶段进行：

（1）第一阶段，8 台 PCS 处于 VF 模式，就地启动升压至 4 台变压器低压侧交流断路器下侧，如图 10-16 所示。

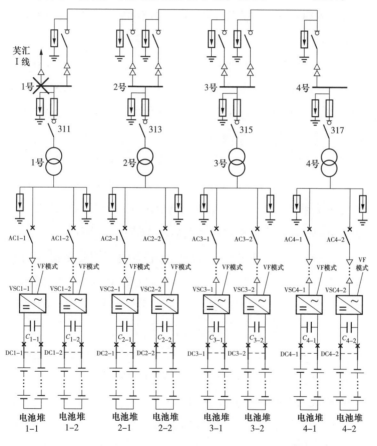

图 10-16　控制 VSC1-1 ~ VSC4-2 处于 VF 模式，升压至变压器下侧

空载第一阶段试验步骤如下：

1）确认初始状态如图 10 – 11 所示，负荷开关 311、313、315、317，中间隔离开关，负荷开关与电缆间隔离开关，变压器低压侧交流断路器 AC1–1 ~ AC4–2，PCS 交、直流侧断路器、交流接触器，电池堆 1–1 ~ 4–2 直流断路器 DC1–1 ~ DC4–2，电池堆 1–1 ~ 4–2 各簇高压隔离开关均处于断开位置。

2）手动闭合电池堆 1–1 ~ 4–2 各簇高压隔离开关，DC1–1 ~ DC4–2，手动启动电池堆 1–1 ~ 4–2 的 BMS 并网流程，BMS 自动闭合电池堆 1–1 ~ 4–2 每簇的接触器，建立电池堆 1–1 ~ 4–2 直流母线电压。

3）VSC1–1 ~ VSC4–2 从电池堆 1–1 ~ 4–2 直流母线取电上电，手动闭合 VSC1–1 ~ VSC4–2 交流侧断路器（后续仅在恢复初始状态时操作），手动将 VSC1–1 ~ VSC4–2 变流器设置为就地、VF 控制模式。手动启动 VSC1–1 ~ VSC4–2。

4）VSC1–1 ~ VSC4–2 自动闭合各自直流侧断路器、交流接触器，VSC1–1 ~ VSC4–2 升压至额定，此时各设备状态如图 10 – 16 所示；检查如无异常，则将 VSC1–1 ~ VSC4–2 停机，此时的设备状态为下一阶段的初始状态。

（2）第二阶段，VSC1–1 以处于 VF 模式升压至 4 台变压器低压侧交流侧断路器下侧，如图 10 – 17 所示。

空载第二阶段试验步骤如下：

1）初始状态为第一阶段结束的状态。

2）分开 VSC1–1 ~ VSC4–2 交流侧断路器。检查负荷开关 311、313、315、317 与环网柜电缆间的隔离开关已拉开，手动闭合负荷开关 311、313、315、317，手动闭合中间隔离开关，手动闭合 VSC1-1、VSC2-1 ~ VSC4-2 交流侧断路器，手动闭合变压器低压侧断路器 AC1-1、AC2-1 ~ AC4-2。

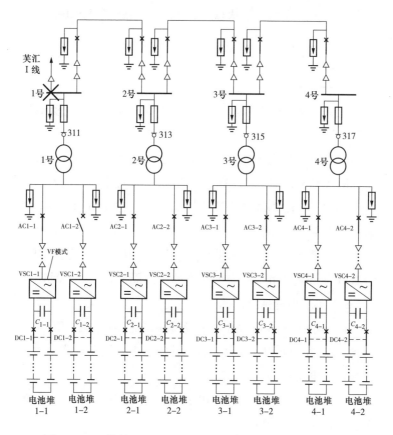

图 10 - 17　控制 VSC1-1 处于 VF 模式，升压至变压器下侧

3）手动将 VSC1-1 变流器设置为就地、VF 控制模式，手动启动 VSC1-1。

4）VSC1-1 自动闭合各自直流侧断路器、交流接触器，VSC1-1 升压至额定，此时各设备状态如图 10-17 所示；现场检查设备状况，后台检查 PCS 交流侧电压是否建立，如无异常则保持图 10-17 所示的状态。如有异常紧急拍停 VSC1-1。

10.2.6 对拖系统启停测试

1. 一拖一

配置 VSC1-1 变流器运行在 VF 模式、VSC2-1 变流器运行在 PQ 模式，进行两对 PCS 对拖试验，试验步骤如下：

（1）初始状态下如图 10-11 所示，负荷开关 311、313，中间隔离开关，AC1-1，AC2-1，PCS 交、直流侧断路器，交流接触器，直流断路器 DC1-1、DC2-1，电池堆 1-1、2-1 各簇隔离开关均断开。

（2）手动闭合 AC1-1 断路器（下侧无压才能闭合）、311、313，1 号环网柜和 2 号环网柜间的中间隔离开关，手动闭合 VSC1-1 交流侧断路器。

（3）手动闭合电池堆 1-1 各簇高压隔离开关、DC1-1，启动 BMS 并网流程，自动闭合电池堆 1-1 各簇接触器，建立直流母线电压。

（4）PCS 从临时电源取电上电，将 VSC1-1 变流器设置为就地控制、VF 模式。

（5）手动启动 PCS（VSC1-1），VSC1-1 自动闭合电容充电回路（充电后才能启动）。电容充电完毕后，VSC1-1 自动闭合直流侧断路器、交流接触器，VSC1-1 变流器输出交流电压自动升至额定电压值。

（6）手动闭合 VSC2-1 交流侧断路器、AC2-1，VSC2-1 变流器从交流侧取电上电。

（7）手动将 VSC2-1 变流器设置为就地、PQ 控制模式。

（8）手动闭合电池堆 2-1 各簇高压隔离开关、DC2-1。由 PCS 手动向电池堆 2-1 的 BMS 发并网指令，BMS 自动闭合电池堆 2-1 各簇接触器。

（9）手动启动 PCS（VSC2-1），VSC2-1 自动闭合电容充电回路（阳光设计为仅能通过直流回路对电容充电），电容充电完毕后，VSC2-1 自动闭合直流侧断路器、交流接触器。

（10）就地设置 VSC2-1 变流器及电池堆 2-1 按小功率（10% 额定功率）充电运行 1min，然后直接转放电运行 1min，检查储能变流器和电池状态是否正常。

（11）就地由 VSC2-1 下发储能系统输出功率为 0，检查 VSC2-1 变流器运行功率均应以设定速率降为 0。

（12）就地下发 VSC2-1 变流器停机指令。

（13）启动 VSC2-1，就地设置 VSC2-1 变流器及电池堆 2-1 储能系统按 10% 额定功率充电运行。

（14）检查 VSC2-1 变流器紧急停机功能。

（15）将 VSC2-1 停机。重复步骤（7）~ 步骤（14），采用 EMS 远方控制模式进行试验。

（16）将 VSC1-1 停机，VSC2-1 停机，将电池堆 1-1 和电池堆 2-1 退出，将所有开关状态置于图 10-11 状态。

（17）配置 VSC2-1 变流器运行在 VF 模式、VSC1-1 变流器运行在 PQ 模式，进行两对 PCS 对拖试验，重复步骤

(1)~步骤(16)。

2. 一拖多

带负荷对拖试验分为三个阶段。

（1）第一阶段配置 VSC1-1 处于 VF 模式，VSC2-1 ~ VSC4-2 变流器运行在 PQ 模式，由 VSC2-1 ~ VSC4-2 逐个对 VSC1-1 进行"一对一"对拖试验，如图 10-18 所示。

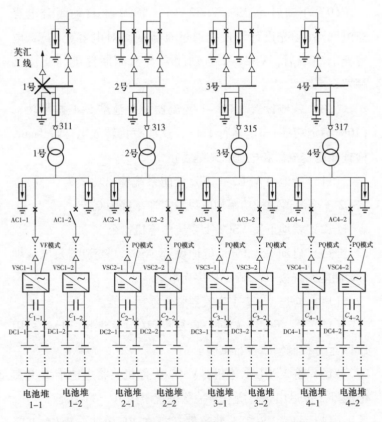

图 10-18　VSC1-1 处于 VF 模式，2-1 ~ 4-2 号电池堆
对应 PCS 处于 PQ 模式对拖

第一阶段试验步骤如下:

1)设备初始状态如图 10 – 18 所示。

2)就地手动将 VSC2-1 ~ VSC4-2 变流器设置为就地、PQ 控制模式,功率初始值均设定为 0,手动启动 VSC2-1 ~ VSC4-2,VSC2-1 ~ VSC4-2 自动闭合直流侧断路器、交流接触器。

3)就地设置 VSC2-1 变流器按 10% 额定功率充电运行 1min,然后转放电运行 1min,检查储能变流器和电池状态是否正常。

4)就地将 VSC2-1 变流器运行功率设置为 0。就地将 VSC2-1 变流器停机。

5)采用 EMS 远方控制模式进行试验,重复步骤(20)、步骤(21)。

6)逐个对 VSC2-2 ~ VSC4-2 变流器重复步骤(20)~步骤(22)。

(2)第二阶段校核 EMS 群控功能,设置 VSC2-1 ~ VSC4-2 变流器按照 10% 额定功率发送有功功率,通过拍停 1 台 PCS 后再重启 PCS,校核 EMS 群控时对有功功率分发功能。

第二阶段试验步骤如下:

1)检查设备初始状态如图 10 – 18 所示。检查 VSC2-1 ~ VSC4-2 变流器运行在远方 EMS 控制、PQ 模式。

2)远方 EMS 将 VSC2-1 ~ VSC4-2 变流器运行功率设置为发送功率 20kW(10%),启动 VSC2-1 ~ VSC4-2 变流器,运行 5min。

3）就地拍停 VSC2-1 变流器，计算校核各运行 PCS 发送功率数据。

4）就地恢复 VSC2-1 紧急停机条件，闭合 VSC2-1 交流侧断路器。

5）远方 EMS 重新启动 VSC2-1，设置 VSC2-1 变流器按照 20kW（10%）额定功率发送有功功率，计算校核各运行 PCS 发送功率数据，校核 EMS 群控功能。

6）对 VSC2-2～VSC4-2 变流器逐个重复步骤2）～步骤5）。

7）远方 EMS 下发 0 功率指令，将 VSC2-1～VSC4-2 变流器功率同时降为 0。远方 EMS 逐个停止 VSC2-1～VSC4-2 变流器。就地停止 VSC1-1 变流器。

8）远方退出 VSC2-2～VSC4-2 变流器交流侧断路器。

此时电池在并网状态，所有 PCS 已停机，AC1-2、AC2-1～AC4-2 处于断开状态。

（3）第三阶段配置 VSC2-1 处于 VF 模式，VSC1-1～VSC1-2 变流器运行在 PQ 模式，由 VSC1-1～VSC1-2 逐个对 VSC2-1 进行"一对一"对拖试验，如图 10-19 所示。

第三阶段试验步骤如下：

1）设备初始状态为上一阶段结束的状态。

2）检查 VSC1-1～VSC2-1 交流侧断路器在闭合位置，手动闭合 AC1-2 断路器。

3）就地手动将 VSC2-1 变流器设置为就地、VF 控制模式，手动启动 VSC2-1，VSC2-1 自动闭合直流侧断路器、交流接触器，升压至额定电压。

4）就地手动将 VSC1-1～VSC1-2 变流器设置为就地、

PQ 控制模式，功率初始值均设定为 0，手动启动 VSC1–1 ~ VSC1–2，VSC1–1 ~ VSC1–2 自动闭合直流侧断路器、交流接触器。

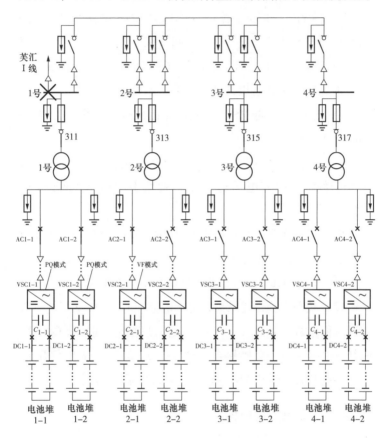

图 10‑19　VSC2–1 处于 VF 模式，1 ~ 2 号电池堆
对应 PCS 处于 PQ 模式对拖

5）就地设置 VSC1–1 变流器按 20kW（10%）额定功率充电运行 1min，然后转放电运行 1min，检查储能变流器和电池状态是否正常。

6）就地将 VSC1-1 变流器运行功率设置为 0。就地手动将 VSC1-1 变流器停机。

7）将 VSC1-1 变流器设置为远方 EMS 控制模式。远方 EMS 启动 VSC1-1 变流器，控制 VSC1-1 变流器按 20kW（10%）额定功率充电运行 1min，然后转放电运行 1min，检查储能变流器和电池状态是否正常。

8）远方 EMS 将 VSC1-1 变流器运行功率设置为 0。远方 EMS 将 VSC1-1 变流器停机。

9）远方 EMS 启动 VSC1-1 变流器，控制 VSC1-1 变流器按 10% 额定功率充电运行 1min，就地手动拍停 VSC1-1 变流器。

10）恢复 VSC1-1 变流器紧急停机条件，检查 VSC1-1 变流器交流侧断路器已断开。

11）对 VSC1-2 变流器重复步骤 5）~ 步骤 10）。

12）负载对拖试验结束，退出电池堆 1-1 ~ 4-2 对应 BMS 并网流程、断开 DC1-1 ~ DC4-2 直流断路器、高压隔离开关。断开 AC1-1 ~ AC4-2 断路器，311、313、315、317 负荷开关、中间隔离开关。断开 VSC1-1 ~ VSC4-2 交流侧断路器。

10.2.7　遥测数据校核

按照 10.2.6 中步骤（1）~ 步骤（13）的启动对拖联调系统，设置 VSC2-1 变流器按 10% 的额定功率充电 30min，而后按 10% 的额定功率放电 30min，最后设置输出功率为 0% 待对点完成。

10.2.8 BMS 与 PCS 协同保护的逻辑测试

1. BMS 一级告警或降流区间下的 PCS 行为测试

测试方法：

（1）修改 BMS 定值，触发过充、过放、温度一级告警；

（2）修改定值使 BMS 运行于降流区间

测试结果记录：

（1）

（2）

合　格：□ 不合格：□	存在的问题：

2. BMS 二级告警下的 PCS 行为测试

测试方法：

设置 BMS 定值，触发电池二级告警

测试结果记录：

合　格：□ 不合格：□	存在的问题：

3. BMS 三级告警或设备故障报警下的 PCS 行为测试

测试方法：	
（1）设置 BMS 定值，触发电池过充、过放、温度三级告警； （2）人为制造设备故障，使 BMS 上送设备故障报警	
测试结果记录： （1） （2）	
合　格：□ 不合格：□	存在的问题：

10.3　储能电站并网试验

10.3.1　调试条件

1. 现场环境条件

调试所需现场环境条件如下：预制舱储能系统的相关设备安装工作基本结束，且符合质量标准和设计要求；舱内灯光照明、空调、试验电源、试验装置已具备可投入使用。调试现场消防设施具备使用条件或具有有效的临时消防设施。调试现场通道畅通。

2. 试验对象条件

（1）元、部件调试：所有参加调试的一、二次设备必须已通过元件交接验收试验及分系统调试，且调试合格，具备带电条件。

（2）受电前对设备一次接线检查，确保调试范围内设备一次接线相序、相位正确。

（3）储能电站受电部分保护及自动装置定值已按调度下达的定值整定，受电临时定值已整定，并经整组试验验证能可靠动作。

（4）各开关整组操作试验已经完成，且验收合格。

（5）系统试验前应保证通信、联络系统的畅通。

（6）所有临时接地措施解除。

（7）通信联络：调试两端与调度的通信和两端间的直接联络电话畅通，且主控和现场有通信手段。

（8）储能电站 10kV 母线及站用变压器受电完成，干式变压器受电完成。储能单元已具备投运条件。

10.3.2　测试设备及测试项目

1. 测试设备

（1）测试仪器仪表。

1）测试仪器仪表应按国家有关计量检定规程或有关标准经检定或计量合格，并在有效期内。

2）测试仪器仪表准确度要求见表 10-1。

表 10-1　　　测试仪器仪表准确度要求

名称	准确度等级	备注
电压传感器	0.5(0.2*)级	FS(满量程)
电流传感器	0.5(0.2*)级	FS(满量程)
温度计	±0.5℃	

名称	准确度等级	备注
湿度计	±3%	相对湿度
电能表	0.2 级	FS（满量程）
数据采集装置	0.2 级	数据带宽≥10MHz

* 0.2 级为电能质量测量时的准确度要求。

（2）用于测试的模拟电网装置性能应满足以下要求。

模拟电网装置应能模拟公用电网的电压幅值、频率和相位的变化，并满足以下技术条件：

1）与储能变流器连接侧的电压谐波应小于 GB/T 14549—1993《电能质量　公用电网谐波》中谐波允许值的 50%。

2）与电网连接侧的电流谐波应小于 GB/T 14549—1993 中谐波允许值的 50%。

3）在测试过程中，稳态电压变化幅度不得超过标称电压的 1%。

4）电压偏差应小于标称电压的 0.2%。

5）频率偏差应小于 0.01Hz。

6）三相电压不平衡度应小于 1%，相位偏差应小于 3°。

7）中性点不接地的模拟电网装置，中性点位移电压应小于相电压的 1%。

8）额定功率 P_N 应大于被测试电化学储能电站的额定功率。

9）具有在一个周波内进行 ±0.1% 额定频率 f_N 的调节能力。

10）具有在一个周波内进行 ±1% 额定电压 U_N 的调节能力。

11）阶跃响应调节时间应小于 20ms。

（3）用于测试的电网故障模拟发生装置性能应满足以下要求：

1）装置应能模拟三相对称电压跌落、相间电压跌落和单相电压跌落，跌落幅值应包含 0% ~ 90% 。

2）装置应能模拟三相对称电压抬升，抬升幅值应包含 110% ~ 130% 。

3）电压阶跃响应调节时间应小于 20ms。

2. 测试项目

（1）储能系统启动/停机试验及带负荷检查。

（2）储能系统功率控制试验。

（3）过载能力测试。

（4）噪声检测试验。

（5）并网点电能质量测试。

（6）充放电响应时间测试。

（7）充放电调节时间测试。

（8）充放电转换时间测试。

（9）额定能量及额定功率能量转换效率测试。

（10）电网适应性测试。

（11）低电压穿越测试。

（12）高电压穿越测试。

（13）保护功能测试。

（14）通信测试。

10.3.3 储能系统启动/停机试验及带负荷检查

1. 试验内容

（1）储能系统启动及停机。

（2）储能系统并网带小负荷，保护及控制系统检查。

（3）储能系统电池单元满充满放，SOC 标定。

2. 试验条件

如图 10-20 所示（见文后插页）对于某 26MW 电化学储能电站，共 26 个储能电池舱及 26 个 PCS 舱，每个储能电池舱有两堆电池，每个 PCS 舱有两台 PCS 变流器。52 个电池堆编号：电池堆1-1 ~ 26-2；52 台 PCS 编号：PCS1-1 ~ 26-2；电池出口的直流断路器编号：DC1-1 ~ DC26-2；变压器低压侧交流断路器编号：AC1-1 ~ AC26-2。

（1）查 1 ~ 26 号升压变压器已带电。

（2）变流器 PCS1-1 ~ 26-2 停机状态，电池堆 1-1 ~ 26-2 出口直流断路器 DC1-1 ~ DC26-2 断开，电池堆各簇隔离开关断开，PCS 各本体交流断路器断开，变压器低压侧交流断路器 AC1-1 ~ AC26-2 断开。

（3）录波仪与电能质量记录仪测试接线完毕。试验接线及地点：总控制舱故障录波屏。

（4）依次检查 PCS1-1 ~ 26-2 和电池堆 1-1 ~ 26-2，确认设备无异常告警。

（5）检查录波仪测量点接线及录波测量信号正确。

3. 试验步骤

（1）合上电池堆 1-1 ~ 8-2 各簇隔离开关、出口直流断路器 DC1–1～DC8–2、PCS 本体交流断路器 1–1～8–2、变压器低压侧交流断路器 AC1–1～AC8–2。

（2）储能电站监控系统下发零功率启动 PCS1–1～8–2 指令，检查 PCS1–1～8–2 是否正常启动。

（3）监控系统设定 PCS1–1～8–2 整体按 200kW 充电运行 10min，然后直接转放电运行 10min，检查 PCS1–1～8–2 和电池堆 1–1～8–2 状态是否正常，测录芙储 I 线 310 断路器出口处充电、放电电流/电压波形。

（4）进行带负荷检查，如有异常应将功率降为零并停止试验，必要时紧急拍停 PCS。

（5）监控系统设定 PCS1–1～8–2 整体功率为零，停机，远方断开变压器低压侧交流断路器 AC1–1～AC8–2。

（6）合上电池堆 9–1～17–2 各簇隔离开关、出口直流断路器 DC9–1～DC17–2、PCS 本体交流断路器 9–1～17–2、变压器低压侧交流断路器 AC9–1～AC17–2。

（7）储能电站监控系统下发零功率启动 PCS9–1～17–2 指令，检查 PCS9–1～17–2 是否正常启动。

（8）监控系统设定 PCS9–1～17–2 整体按 200kW 充电运行 10min，然后直接转放电运行 10min，检查 PCS9–1～17–2 和电池堆 9–1～17–2 状态是否正常，测录芙储 II 线 320 断路器出口处充电、放电电流/电压波形。

（9）进行带负荷检查，如有异常应将功率降为零并停止试验，必要时紧急拍停 PCS。

（10）监控系统设定 PCS9–1～17–2 整体功率为零，停机，远方分开变压器低压侧交流断路器 AC9–1～AC17–2。

（11）合上电池堆 18-1～26-2 各簇隔离开关、出口直流断路器 DC18-1～DC26-2、PCS 本体交流断路器 18-1～26-2，变压器低压侧交流断路器 AC18-1～AC26-2。

（12）储能电站监控系统下发零功率启动 PCS18-1～26-2 指令，检查 PCS18-1～26-2 是否正常启动。

（13）监控系统设定 PCS18-1～26-2 整体按 200kW 充电运行 10min，然后直接转放电运行 10min，检查 PCS18-1～26-2 和电池堆 18-1～26-2 状态是否正常，测录芙储Ⅲ线 330 断路器出口处充电、放电电流/电压波形。

（14）进行带负荷检查，如有异常应将功率降为零并停止试验，必要时紧急拍停 PCS。

（15）监控系统设定 PCS18-1～26-2 整体功率为零，停机。

（16）监控系统远方合变压器低压侧交流断路器 AC1-1～AC26-2，零功率启动 PCS1-1～26-2。

（17）监控系统设定全站功率 20% 充电运行 15min，设定全站功率 50% 充电运行 15min，设定全站功率 100% 充电运行进行 SOC 标定，如有异常应将功率降为零并停止试验，必要时紧急拍停 PCS。

（18）全站电池堆 SOC 标定完毕后，储能电站监控系统下发全站停机指令，检查变流器 PCS1-1～26-2 是否正常停机。

（19）储能系统启动/停机及 SOC 标定试验完毕，试验过程应无任何异常。

10.3.4 储能系统功率控制试验

1. 试验内容

（1）有功功率调节能力测试。

（2）无功功率调节能力测试。

2. 试验条件

（1）试验前开关状态与 10.3.3 项试验结束时相同。

（2）变流器 PCS1-1 ~ 26-2 已设定为储能电站监控系统远程控制状态。

（3）试验前储能系统 SOC 范围在 40% ~ 70%，以保证试验过程正常进行。

（4）试验时，若设备告警或异常，可暂停试验。

（5）依次检查 PCS1-1 ~ 26-2 和电池堆 1-1 ~ 26-2，确认设备无异常告警。

（6）检查测试仪测量点接线，以及测量信号正确。

3. 试验步骤

监控系统启动变流器 PCS1-1 ~ 26-2，监控系统下发功率控制指令，各功率控制试验步骤如下：

（1）有功功率调节能力测试。按照升有功功率和降有功功率两种方法分别测试。测试方法如下：

1）升功率测试方法。

a. 设置储能电站有功功率为 0。

b. 按图 10-21 所示，逐级调节有功功率设定值至 $-0.25P_N$、$0.25P_N$、$-0.5P_N$、$0.5P_N$、$-0.75P_N$、$0.75P_N$、$-P_N$、P_N，各个功率点保持至少 30s，在储能电站并网点测量时序功率；

以每 0.2s 有功功率平均值为一点，记录实测曲线。

c. 以每次有功功率变化后的第二个 15s 计算 15s 有功功率平均值。

d. 计算 b 中各点有功功率的控制精度、响应时间和调节时间。

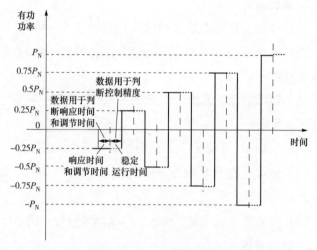

图 10 - 21　升功率测试曲线

2）降功率测试方法。

a. 设置储能电站有功功率为 P_N。

b. 按图 10 - 22 所示，逐级调节有功功率设定值至 $-P_N$、$0.75P_N$、$-0.75P_N$、$0.5P_N$、$-0.5P_N$、$0.25P_N$、$-0.25P_N$、0，各个功率点保持至少 30s，在储能电站并网点测量时序功率；以每 0.2s 有功功率平均值为一点，记录实测曲线。

c. 以每次有功功率变化后的第二个 15s 计算 15s 有功功率平均值。

d. 计算 b 中各点有功功率的控制精度、响应时间和调节时间。

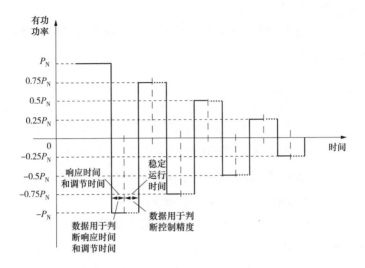

图 10-22　降功率测试曲线

（2）无功功率调节能力测试。无功功率按照储能电站处于充电模式和放电模式分别测试。测试方法如下：

1）充电模式测试。

a. 设置储能电站充电有功功率为 P_N。

b. 调节储能电站运行在输出最大感性无功功率工作模式。

c. 在储能电站并网点测量时序功率，至少记录 30s 有功功率和无功功率，以每 0.2s 功率平均值为一点，计算第二个 15s 内有功功率和无功功率的平均值。

d. 分别调节储能电站充电有功功率为 $0.9P_N$、$0.8P_N$、$0.7P_N$、$0.6P_N$、$0.5P_N$、$0.4P_N$、$0.3P_N$、$0.2P_N$、$0.1P_N$ 和

0，重复步骤 b～步骤 c。

e. 调节储能电站运行在输出最大容性无功功率工作模式，重复步骤 c～步骤 d。

f. 以有功功率为横坐标，无功功率为纵坐标，绘制储能电站功率包络图。

2）放电模式测试。

a. 设置储能电站放电有功功率为 P_N。

b. 调节储能电站运行在输出最大感性无功功率工作模式。

c. 在储能电站并网点测量时序功率，至少记录 30s 有功功率和无功功率，以每 0.2s 功率平均值为一点，计算第二个 15s 内有功功率和无功功率的平均值。

d. 分别调节储能电站放电有功功率为 $0.9P_N$、$0.8P_N$、$0.7P_N$、$0.6P_N$、$0.5P_N$、$0.4P_N$、$0.3P_N$、$0.2P_N$、$0.1P_N$ 和 0，重复步骤 b～步骤 c。

e. 调节储能电站运行在输出最大容性无功功率工作模式，重复步骤 c～步骤 d。

f. 以有功功率为横坐标，无功功率为纵坐标，绘制储能电站功率包络图。

（3）功率因数调节能力测试。测试方法如下：

1）将储能电站放电有功功率分别调至 $0.25P_N$、$0.5P_N$、$0.75P_N$、P_N 四个点。

2）调节储能电站功率因数从超前 0.95 开始，连续调节至滞后 0.95，调节幅度不大于 0.01，测量并记录储能电站实际输出的功率因数。

3）将储能电站充电有功功率分别调至 $0.25P_N$、$0.5P_N$、

$0.75P_N$、P_N 四个点。

4）调节储能电站功率因数从超前 0.95 开始，连续调节至滞后 0.95，调节幅度不大于 0.01，测量并记录储能电站实际输出的功率因数。

10.3.5 过载能力测试

1. 试验内容

（1）储能系统过载充电下能力测试。

（2）储能系统过载放电下能力测试。

2. 试验条件

（1）变流器 PCS1-1 ~ 26-2 的控制模式为储能电站监控系统的远程控制状态。

（2）试验前储能系统 SOC 范围在 40% ~ 70%，以保证试验过程正常进行。

（3）试验时，若设备告警或异常，可暂停试验。

（4）依次检查变流器 PCS1-1 ~ 26-2 和电池堆 1-1 ~ 26-2，确认设备无异常告警。

（5）检查测试仪测量点接线，以及测量信号正确。

3. 试验步骤

监控系统启动变流器 PCS1-1 ~ 26-2，监控系统下发功率控制指令，各功率控制试验步骤如下：

（1）将储能系统调整至热备用状态，设定储能系统充电有功功率设定值至 $1.1P_N$，连续运行 10min，在储能系统并网点测量时序功率，以每 0.2s 有功功率平均值为一点，记录实测曲线。

（2）将储能系统调整至热备用状态，设定储能系统充电有功功率设定值至 $1.2P_N$，连续运行 1min，在储能系统并网点测量时序功率，以每 0.2s 有功功率平均值为一点，记录实测曲线。

（3）将储能系统调整至热备用状态，设定储能系统放电有功功率设定值至 $1.1P_N$，连续运行 10min，在储能系统并网点测量时序功率，以每 0.2s 有功功率平均值为一点，记录实测曲线。

（4）将储能系统调整至热备用状态，设定储能系统放电有功功率设定值至 $1.2P_N$，连续运行 1min，在储能系统并网点测量时序功率，以每 0.2s 有功功率平均值为一点，记录实测曲线。

10.3.6　噪声检测试验

1. 试验内容

对储能变电站 PCS 舱、电池舱以及变电站的厂界进行噪声测试，以考核其制造工艺、设计安装水平，验证 PCS 舱、电池舱以及变电站厂界噪声是否满足技术协议的要求。

2. 试验条件

（1）试验应在风速小于 5m/s、无雨雪、无雷电天气下进行。

（2）试验时，设备周围保持安静，避免影响测量环境。

3. 试验步骤

（1）PCS 舱及电池舱周围均匀布置 8 个测点，测点布置在离设备轮廓线 1m 处，离地高度为设备的 1/2 高度，PCS 舱及电池舱的测点布置如图 10-23 所示。

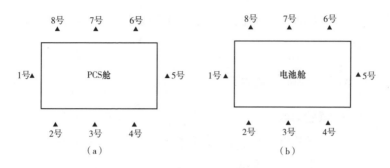

图 10－23　PCS 舱及电池舱噪声测试布点示意图

（a）PCS 舱；（b）电池舱

　　沿储能变电站厂界四周均匀布置 12 个测点，测点布置在厂界外 1m，高于围墙 0.5m 以上的位置，厂界的测点布置如图 10－24 所示。

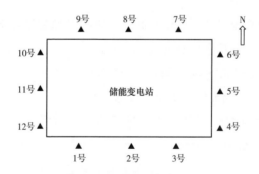

图 10－24　储能变电站厂界噪声测试布点示意图

　　（2）测试 PCS 舱、电池舱以及厂界的背景噪声。

　　（3）充电时，测试 PCS 舱、电池舱以及厂界各测点的声级。

（4）放电时，测试 PCS 舱、电池舱以及厂界各测点的声级。

10.3.7　电能质量测试

1. 试验内容

（1）三相电压不平衡及谐波测试。

（2）直流分量测试。

2. 试验条件

（1）电能质量测试仪器安装到位。

（2）并网后，储能系统运行正常无异常报警。

（3）试验前储能系统 SOC 范围在 40%~70%，以保证试验过程正常进行。

3. 试验步骤

监控系统启动变流器 PCS1–1 ~ 26–2，监控系统下发功率控制指令，各功率控制试验步骤如下：

（1）三相电压不平衡及谐波测试。

1）设定储能电站工作于放电工况。

2）从储能电站持续正常运行的最小功率开始，以 10% 的储能电站额定功率为一个区间，每个区间内连续测量 10min，用电能质量测试仪记录电压和电流数据。

3）设定储能电站工作于充电工况，重复步骤 2）。

（2）直流分量测试。

1）储能电站在放电状态下测试，测试方法如下：

a. 将储能电站与模拟电网装置(公共电网)相连，所有参数调至正常工作条件，且功率因数调为 1。

b. 调节储能电站输出电流至额定电流的33%，保持1min。

c. 测量储能电站输出端各相电压、电流有效值和电流的直流分量(频率小于1Hz即为直流)，在同样的采样速率和时间窗下测试5min。

d. 当各相电压有效值的平均值与额定电压的误差小于5%，且各相电流有效值的平均值与测试电流设定值的偏差小于5%时，采用各测量点的绝对值计算各相电流直流分量幅值的平均值。

e. 调节储能电站输出电流分别至额定输出电流的66%和100%，保持1min，重复步骤c～步骤d。

2) 储能电站在充电状态下测试，测试方法如下：

a. 将储能电站与模拟电网装置(公共电网)相连，所有参数调至正常工作条件，且功率因数调为1。

b. 调节储能电站输入电流至额定电流的33%，保持1min。

c. 测量储能电站输入端各相电压、电流有效值和电流的直流分量(频率小于1Hz即为直流)，在同样的采样速率和时间窗下测试5min。

d. 当各相电压有效值的平均值与额定电压的误差小于5%，且各相电流有效值的平均值与测试电流设定值的偏差小于5%时，采用各测量点的绝对值计算各相电流直流分量幅值的平均值。

e. 调节储能电站输入电流分别至额定输入电流的66%和100%，保持1min，重复步骤c～步骤d。

10.3.8　充放电响应时间测试

1. 试验内容

（1）充电响应时间测试。

（2）放电响应时间测试。

2. 试验条件

（1）变流器 PCS1-1 ~ 26-2 的控制模式为储能电站监控系统的远程控制状态。

（2）试验前储能系统 SOC 范围在 40% ~ 70%，以保证试验过程正常进行。

（3）试验时，若设备告警或异常，可暂停试验。

（4）依次检查变流器 PCS1-1 ~ 26-2 和电池堆 1-1 ~ 26-2，确认设备无异常告警。

（5）检查测量仪测量点接线，以及测量信号正确。

3. 试验步骤

（1）充电响应时间测试。

1）记录储能系统收到控制信号的时刻，记为 t_{C1}。

2）记录储能系统充电功率首次达到 90% 额定功率的时刻，记为 t_{C2}。

3）按照式 $RT_C = t_{C2} - t_{C1}$ 计算充电响应时间。

4）重复步骤1）~ 步骤3）三次，充电响应时间取 3 次测试结果的最大值。

（2）放电响应时间测试。

1）记录储能系统收到控制信号的时刻，记为 t_{D1}。

2）记录储能系统充电功率首次达到 90% 额定功率的时

刻，记为 t_{D2}。

3）按照式 $RT_C = t_{D2} - t_{D1}$ 计算充电响应时间。

4）重复步骤 1）~ 步骤 3）三次，充电响应时间取 3 次测试结果的最大值。

10.3.9　充放电调节时间测试

1. 试验内容

（1）充电调节时间测试。

（2）放电调节时间测试。

2. 试验条件

条件同充放电响应时间测试。

3. 试验步骤

（1）充电调节时间测试。

1）记录储能系统收到控制信号的时刻，记为 t_{C3}。

2）记录储能系统充电功率的偏差维持在额定功率 ±2% 以内的起始时刻，记为 t_{C4}。

3）按照式 $AT_C = t_{C4} - t_{C3}$ 计算充电响应时间。

4）重复步骤 1）~ 步骤 3）三次，充电响应时间取 3 次测试结果的最大值。

（2）放电调节时间测试。

1）记录储能系统收到控制信号的时刻，记为 t_{D3}。

2）记录储能系统充电功率的偏差维持在额定功率 ±2% 以内的起始时刻，记为 t_{D4}。

3）按照式 $AT_D = t_{D4} - t_{D3}$ 计算充电响应时间。

4）重复步骤 1）~ 步骤 3）三次，充电响应时间取 3 次测试结果的最大值。

10.3.10　充放电转换时间测试

1. 试验内容

（1）充放电转换时间测试。

（2）全站精切充放电转换时间测试。

2. 试验条件

条件同充放电响应时间测试。

3. 试验步骤

在额定功率充放电条件下，将储能电站调整至热备用状态，测试储能电站的充放电转换时间。

（1）充电到放电转换时间测试。测试方法如下：

1）设置储能电站以额定功率充电，向储能电站发送以额定功率放电指令，记录从 90% 额定功率充电到 90% 额定功率放电的时间 t_1。

2）重复步骤 1）两次，充电到放电转换时间取 3 次测试结果的最大值。

（2）放电到充电转换时间测试。测试方法如下：

1）设置储能电站以额定功率放电，向储能电站发送以额定功率充电指令，记录从 90% 额定功率放电到 90% 额定功率充电的时间 t_2。

2）重复步骤 1）两次，放电到充电转换时间取 3 次测试结果的最大值。

10.3.11　额定能量及额定功率能量转换效率测试

1. 试验内容

（1）额定能量测试。

（2）额定功率能量转换效率测试。

2. 试验条件

条件同充放电响应时间测试。

3. 试验步骤

在稳定运行状态下，储能电站在额定功率充放电条件下，测试储能电站的充电能量和放电能量。测试方法如下：

1）以额定功率放电至放电终止条件时停止放电。

2）以额定功率充电至充电终止条件时停止充电。记录本次充电过程中储能电站充电的能量 E_C 和辅助能耗 W_C。

3）以额定功率放电至放电终止条件时停止放电。记录本次放电过程中储能电站放电的能量 E_D 和辅助能耗 W_D。

4）重复步骤 2）、3）两次，记录每次充放电能量 E_{Cn}、E_{Dn} 和辅助能耗 W_{Cn}、W_{Dn}。

5）按照式（10-1）、式（10-2）计算其平均值，记 E_C 和 E_D 为储能电站的额定充电能量和额定放电能量。

$$E_C = \frac{E_{C1} + W_{C1} + E_{C2} + W_{C2} + E_{C3} + W_{C3}}{3} \quad (10-1)$$

$$E_D = \frac{E_{D1} - W_{D1} + E_{D2} - W_{D2} + E_{D3} - W_{D3}}{3} \quad (10-2)$$

式中：E_{Cn} 为第 n 次循环的充电能量，Wh；E_{Dn} 为第 n 次循环的放电能量，Wh；W_{Cn} 为第 n 次循环充电过程的辅助能耗，

Wh；W_{Dn} 为第 n 次循环放电过程的辅助能耗，Wh。

6）按式（10 - 3）计算能量转换效率：

$$\eta = \frac{1}{3}\left(\frac{E_{D1} - W_{D1}}{E_{C1} + W_{C1}} + \frac{E_{D2} - W_{D2}}{E_{C2} + W_{C2}} + \frac{E_{D3} - W_{D3}}{E_{C3} + W_{C3}}\right) \quad (10 - 3)$$

10.3.12　电网适应性测试

1. 频率适应性测试

测试储能电站的频率适应性，测试如图 10 - 25 所示。本测试项目应使用模拟电网装置模拟电网频率的变化。测试方法如下：

1）将储能电站与模拟电网装置相连。

2）设置储能电站运行在充电状态。

3）调节模拟电网装置频率至 49.52 ~ 50.18Hz 范围内，在该范围内合理选择若干个点（至少 3 个点且临界点必测），每个点连续运行至少 1min，应无跳闸现象，否则停止测试。

4）设置储能电站运行在放电状态，重复步骤 3）。

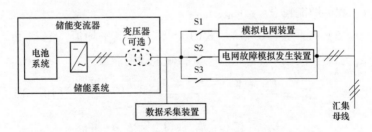

图 10 - 25　储能系统测试接线示意图

（1）通过 380V 电压等级接入电网的储能电站：

1）设置储能电站运行在充电状态，调节模拟电网装置频率分别至 49.32 ~ 49.48Hz、50.22 ~ 50.48Hz 范围内，在该范围内合理选择若干个点(至少 3 个点且临界点必测)，每个点连续运行至少 4s；分别记录储能电站运行状态及相应动作频率、动作时间。

2) 设置储能电站运行在放电状态，重复步骤 1)。

(2) 通过 10(6)kV 及以上电压等级接入电网的储能电站:

1) 设置储能电站运行在充电状态，调节模拟电网装置频率至 48.02 ~ 49.48Hz、50.22 ~ 50.48Hz 范围内，在该范围内合理选择若干个点(至少 3 个点且临界点必测)，每个点连续运行至少 4s；分别记录储能电站运行状态及相应动作频率、动作时间。

2) 设置储能电站运行在放电状态，重复步骤 1)。

3) 设置储能电站运行在充电状态，调节模拟电网装置频率至 50.52Hz，连续运行至少 4s；记录储能电站运行状态及相应动作频率、动作时间。

4) 设置储能电站运行在放电状态，重复步骤 3)。

5) 设置储能电站运行在充电状态，调节模拟电网装置频率至 47.98Hz，连续运行至少 4s；记录储能电站运行状态及相应动作频率、动作时间。

6) 设置储能电站运行在放电状态，重复步骤 5)。

2. 电压适应性测试

测试储能电站的电压适应性，测试如图 10 - 25 所示。本测试项目应使用模拟电网装置模拟电网电压的变化。测试方法如下:

（1）将储能电站与模拟电网装置相连。

（2）设置储能电站运行在充电状态。

（3）调节模拟电网装置输出电压至拟接入电网标称电压的86%～109%范围内，在该范围内合理选择若干个点（至少3个点且临界点必测），每个点连续运行至少1min，应无跳闸现象，否则停止测试。

（4）调节模拟电网装置输出电压至拟接入电网标称电压的85%以下，连续运行至少1min，记录储能电站运行状态及相应动作电压、动作时间。

（5）调节模拟电网装置输出电压至拟接入电网标称电压的110%以上，连续运行至少1min，记录储能电站运行状态及相应动作电压、动作时间。

（6）设置储能电站运行在放电状态，重复步骤（3）～步骤（5）。

3. 电能质量适应性测试

测试储能电站的电能质量适应性，测试如图10-25所示。本测试项目应使用模拟电网装置模拟电网电能质量的变化。

（1）将储能电站与模拟电网装置相连。

（2）设置储能电站运行在充电状态。

（3）调节模拟电网装置交流侧的谐波值、三相电压不平衡度、间谐波值分别至 GB/T 14549—1993、GB/T 15543—2008 和 GB/T 24337—2009 中要求的最大限值，连续运行至少1min，记录储能电站运行状态及相应动作时间。

（4）设置储能电站运行在放电状态，重复步骤（3）。

10.3.13　低电压穿越测试

测试通过 10(6)kV 及以上电压等级接入电网的储能电站低电压穿越能力。

1. 检测准备

（1）进行低电压穿越检测前，储能电站应工作在与实际投入运行时一致的控制模式下。按照图 10－25 连接储能电站、电网故障模拟发生装置、数据采集装置以及其他相关设备。

（2）测试应至少选取 5 个跌落点，并在 $0\%U_N \leqslant U \leqslant 5\%U_N$、$20\%U_N \leqslant U \leqslant 25\%U_N$、$25\%U_N < U \leqslant 50\%U_N$、$50\%U_N < U \leqslant 75\%U_N$、$75\%U_N < U \leqslant 90\%U_N$ 五个区间内均有分布，并按照图 10－26 选取跌落时间。

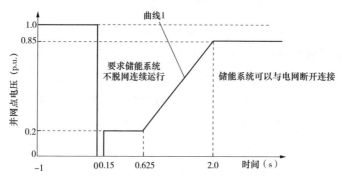

图 10－26　低电压穿越曲线

2. 空载测试

低电压穿越检测前应先进行空载测试，被测储能电站储能变流器应处于断开状态，测试方法如下：

（1）调节电网故障模拟发生装置，模拟线路三相对称故障，电压跌落点选取应满足"1. 检测准备"的要求。

（2）调节电网故障模拟发生装置，模拟表 10 - 2 中的 AB、BC、CA 相间短路或接地短路故障，电压跌落点选取应满足"1. 检测准备"的要求。

（3）记录储能电站并网点电压曲线。

表 10 - 2　　　　　线路不对称故障类型

故障类型	故障相		
单相接地短路	A	B	C
两相相间短路	AB	BC	CA
两相接地短路	AB	BC	CA

3. 负载测试

在空载测试结果满足要求的情况下，进行低电压穿越负载测试，负载测试时电网故障模拟发生装置的配置应与空载测试保持一致。测试方法如下：

（1）将空载测试中断开的储能电站接入电网运行。

（2）调节储能电站输出功率在 $0.1P_N \sim 0.3P_N$ 之间。

（3）控制电网故障模拟发生装置进行三相对称电压跌落。

（4）记录储能电站并网点电压和电流的波形，应至少记录电压跌落前 10s 到电压恢复正常后 6s 之间数据。

10.3.14　高电压穿越测试

1. 检测准备

（1）进行高电压穿越测试前，储能电站应工作在与实际投入运行时一致的控制模式下。按照图 10 – 25 连接储能电站、电网故障模拟发生装置、数据采集装置以及其他相关设备。

（2）高电压穿越检测应至少选取 2 个点，并在 110% U_N < U < 120% U_N、120% U_N < U < 130% U_N 两个区间内均有分布，并按照图 10 – 27 中高电压穿越曲线要求选取跌落时间。

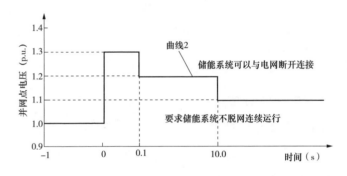

图 10 – 27　高电压穿越曲线

2. 空载测试

高电压穿越检测前应先进行空载测试，被测储能电站储能变流器应处于断开状态，测试方法如下：

（1）调节电网故障模拟发生装置，模拟线路三相电压抬升，电压抬升点选取应满足"1. 检测准备"的要求。

（2）记录储能电站并网点电压曲线。

3. 负载测试

在空载测试结果满足要求的情况下，可进行高电压穿越负载测试。负载测试时电网故障模拟发生装置的配置应与空载测试保持一致。

（1）将空载测试中断开的储能电站接入电网运行。

（2）调节储能电站输入功率分别在 $0.1P_N \sim 0.3P_N$ 之间。

（3）控制电网故障模拟发生装置进行三相对称电压抬升。

（4）记录储能电站并网点电压和电流波形，应至少记录电压跌落前 10s 到电压恢复正常后 6s 之间数据。

（5）调节储能电站输入功率至额定功率 P_N。

（6）重复步骤（3）和步骤（4）。

10.3.15　保护功能测试

1. 涉网保护功能测试

测试储能电站的涉网保护功能，参照 DL/T 995—2016《继电保护和电网安全自动装置检验规程》的规定进行系统的涉网保护测试。

2. 非计划孤岛保护功能测试

测试储能电站的非计划孤岛保护特性。测试方法如下：

（1）对三相四线制储能电站，图 10-28 所示为相线对中性线接线；对三相三线制储能电站，图 10-28 所示为相间接线。

（2）设置储能电站防孤岛保护定值，调节储能电站放电功率至额定功率。

（3）设定模拟电网装置（公共电网）电压为储能电站的标称电压，频率为储能电站额定频率；调节负荷品质因数 Q 为 1.0 ± 0.05。

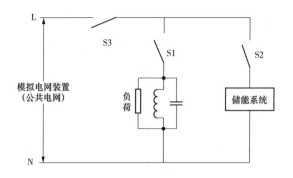

图 10 - 28　非计划孤岛保护功能测试

（4）闭合开关 S1、S2、S3，直至储能电站达到（2）的规定值。

（5）调节负荷至通过开关 S3 的各相基波电流小于储能电站各相稳态额定电流的 2%。

（6）断开 S3，记录从断开 S3 至储能电站停止向负荷供电的时间间隔，即断开时间。

（7）在初始平衡负荷的 95% ~ 105% 范围内，调节无功负荷按 1% 递增（或调节储能电站无功功率按 1% 递增），若储能电站断开时间增加，则需额外增加 1% 无功负荷（或无功功率），直至断开时间不再增加。

（8）在初始平衡负荷的 95% 或 105% 时，断开时间仍增加，则需额外减少或增加 1% 无功负荷（或无功功率），直至断开时间不再增加。

（9）测试结果中，三个最长断开时间的测试点应做 2 次附加重复测试；三个最长断开时间出现在不连续的 1% 负荷增加值上时，则三个最长断开时间之间的所有测试点都应做

2 次附加重复测试。

（10）调节储能电站输出功率分别至额定功率的 66%、33%，分别重复步骤(3)~步骤(9)。

10.3.16 通信测试

1. 通信基本测试

通过 10(6)kV 及以上电压等级接入电网的储能电站，在并网状态下，按照 GB/T 13729—2019《远动终端设备》的相关规定进行通信测试。

2. 状态与参数测试

储能电站和电网调度机构或用户之间测试的状态与参数至少应包括：

（1）电气模拟量：并网点的频率、电压、注入电网电流、注入有功功率和无功功率、功率因数、电能质量数据等。

（2）电能量及荷电状态：可充/可放电量、充电电量、放电电量、荷电状态等。

（3）状态量：并网点开断设备状态、充放电状态、故障信息、远动终端状态、通信状态、AGC 状态等。

（4）其他信息：并网调度协议要求的其他信息。

10.4 储能电站源网荷系统调试

本次调试范围包括储能电站源网荷互动终端、EMS 系统、PCS 系统、BMS 系统。

10.4.1 调试条件

（1）储能电站源网荷互动终端单体调试完毕，试验项目应完整，试验数据应正确有效。

（2）储能电站源网荷互动终端与站内 52 个 PCS 和 EMS 的分段调试完毕，试验项目应完整，试验数据应正确有效。

（3）EMS 系统、PCS 舱系统和 BMS 电池舱系统三大系统对拖试验、储能电站整套启动试验完毕，各 PCS 最大功率充、放电试验完毕，PMU 和故障录波装置调试完毕，试验数据正确有效。

（4）储能电站 EMS 后台具备接收和执行 AGC 和 AVC 远方指令功能，且该功能已在站端通过接入外部设备调试验证无误。

（5）站端 PMU 屏、故障录波屏、源网荷互动终端屏 GPS 对时正确。

（6）储能电站预制舱储能系统的相关设备安装工作基本结束，且符合质量标准和设计要求；舱内灯光照明、空调、试验电源、试验装置已具备可投入使用。调试现场消防设施具备使用条件或具有有效的临时消防设施，调试现场通道畅通。

10.4.2　调试流程及试验方法

1. 各 PCS 对源网荷互动终端动作信号的响应试验

（1）闭锁 EMS 功率指令出口。

（2）检查源网荷互动终端全部出口连接片在退出状态，设置源网荷互动终端模拟出口模式。

（3）依次单独投入源网荷互动终端至各 PCS 的出口连接片，触发源网荷互动终端动作出口，在 EMS 后台检查 PCS 功率变化情况。

试验分 PCS 满功率充电、浅放电两种情况进行；试验结束后恢复 EMS 功率指令出口。

（1）设置各 PCS 充电功率为 500kW（全站 26MW），依次单独投入源网荷互动终端各 PCS 出口连接片、触发源网荷互动终端动作，在 EMS 后台检查 PCS 功率变化情况，填写表 10-3。

表 10-3 　　　　　　　　　PCS 功率变化情况

PCS 编号	PCS1-1	PCS1-2	PCS2-1	PCS2-2
是否正确响应				
PCS 编号	PCS3-1	PCS3-2	PCS4-1	PCS4-2
是否正确响应				
PCS 编号	PCS5-1	PCS5-2	PCS6-1	PCS6-2
是否正确响应				
PCS 编号	PCS7-1	PCS7-2	PCS8-1	PCS8-2
是否正确响应				
PCS 编号	PCS9-1	PCS9-2	PCS10-1	PCS10-2
是否正确响应				

注　若功率正确响应，则在对应 PCS 下打√，否则打×。

（2）设置各 PCS 放电功率为 100kW（全站 5.2MW），依次投入源网荷互动终端各 PCS 出口连接片、触发源网荷互动终端动作，在 EMS 后台检查 PCS 功率变化情况，填写表 10-3。

2. 运行策略及负荷恢复功能测试

分满功率充电和低功率放电两种情况进行。在源网荷互动终端模拟切负荷指令，在储能电站端进行数据记录、状态检查，完毕后在站端进行负荷恢复。

（1）站端 AGC 模式下满功率充电状态下的测试。

1）在站端模拟 AGC 远方控制运行，并设置充电功率为 26MW。触发源网荷互动终端动作，检查 PCS 和 EMS 的动作情况，并记录动作时间，填写表 10-4。

表 10-4　　　　　　　　试验动作情况

项目	试验结果
EMS 当前功率值	
源网荷互动终端的总可切量	
PCS 动作情况	
EMS 动作情况	
站端源网荷互动终端动作时刻	
全站功率开始变化时刻	
全站功率达到最大放电功率时刻	

2）数据记录、状态检查完毕后，在源网荷互动终端模拟负荷恢复开入，检查 PCS 和 EMS 的动作情况，填写表 10-5。

表 10-5　　　　　　　PCS 和 EMS 的动作情况

项目	试验结果
PCS 动作情况	
EMS 动作情况	

（2）站端 AGC 模式放电状态下的测试。

1）在站端模拟 AGC 远方控制运行，并设置放电功率为

5.2MW。触发源网荷互动终端动作，检查 PCS 和 EMS 的动作情况，并记录动作时间，填写表 10-4。

2）数据记录、状态检查完毕后，在源网荷互动终端模拟负荷恢复开入，检查 PCS 和 EMS 的动作情况，填写表 10-5。

（3）站端 AVC 模式下的测试。

1）在站端模拟 AVC 远方控制运行，并设置输入无功为额定值（以系统实际允许无功输送范围为准）。触发源网荷互动终端动作，检查 PCS 和 EMS 的动作情况，并记录动作时间，填写表 10-4。

2）数据记录、状态检查完毕后，在源网荷互动终端模拟负荷恢复开入，检查 PCS 和 EMS 的动作情况，填写表 10-5。

（4）站端同时输出有功和无功条件下的测试。

1）在站端模拟远方控制运行，并设置全站输出 10% 额定有功，输出 10% 额定无功。触发源网荷互动终端动作，检查 PCS 和 EMS 的动作情况，并记录动作时间，填写表 10-4。

2）数据记录、状态检查完毕后，在源网荷互动终端模拟负荷恢复开入，检查 PCS 和 EMS 的动作情况，填写表 10-5。

（5）最高 SOC 状态下的测试。

1）在站端将各电池堆充电至 EMS 后台最高 SOC 限制值，设置充电功率为 0。触发源网荷互动终端动作，检查 PCS 和 EMS 的动作情况，并记录动作时间，填写表 10-4。

2）数据记录、状态检查完毕后，在源网荷互动终端模拟负荷恢复开入，检查 PCS 和 EMS 的动作情况，填写表 10-5。

（6）最低 SOC 状态下的测试。

1）在站端将各电池堆放电至 EMS 后台最低 SOC 限制

值，设置放电功率为 0。触发源网荷互动终端动作，检查 PCS 和 EMS 的动作情况，并记录动作时间，填写表 10-4。

2）数据记录、状态检查完毕后，在源网荷互动终端模拟负荷恢复开入，检查 PCS 和 EMS 的动作情况，填写表 10-5。

（7）站内部分在运 BMS 出现限流告警下的测试。

1）在站端模拟 AGC 远方控制运行，并设置充电功率为 26MW。在站端模拟通过修改 BMS 告警定值，使 10 个 BMS 出现限流告警。触发源网荷互动终端动作，检查 PCS 和 EMS 的动作情况，并记录动作时间，填写表 10-4。

2）数据记录、状态检查完毕后，在源网荷互动终端模拟负荷恢复开入，检查 PCS 和 EMS 的动作情况，填写表 10-5。

（8）站内部分在运 BMS 已经出现二级欠电压告警（即停机）下的测试。

1）在站端模拟 AGC 远方控制运行，并设置充电功率为 26MW。在站端模拟通过修改 BMS 告警定值，使 10 个 BMS 出现二级欠电压告警。触发源网荷互动终端动作，检查 PCS 和 EMS 的动作情况，并记录动作时间，填写表 10-4。

2）数据记录、状态检查完毕后，在源网荷互动终端模拟负荷恢复开入，检查 PCS 和 EMS 的动作情况，填写表 10-5。

（9）站内部分在运 BMS 中途出现二级告警下的测试。

1）在站端模拟 AGC 远方控制运行，并设置充电功率为 26MW，临时闭锁 EMS 功率调节出口。触发源网荷互动终端动作，PCS 响应后，在站端模拟通过修改 BMS 告警定值，使 2 个 BMS 出现二级欠电压告警。检查 PCS 和 EMS 的动作情况，并记录动作时间，填写表 10-4。

2）数据记录、状态检查完毕后，在源网荷互动终端模拟负荷恢复开入，检查 PCS 和 EMS 的动作情况，填写表 10-5。

（10）站内全部在运 BMS 硬接点信号动作行为测试。

在站端模拟 AGC 远方控制运行，并设置充电功率为 26MW，临时闭锁 EMS 功率调节出口。在站端源网荷终端模拟全切指令，PCS 响应后，在 BMS 舱内逐个短接至 PCS 的硬接点，检查 PCS 动作情况，填写表 10-3。

10.5　储能电站 AGC 功能试验

10.5.1　试验条件

1. 调度主站

（1）省调已经与 AGC 控制管理终端完成通信。

（2）省调 AGC 闭环控制建模的反馈点为储能电站并网点有功，主站下发的储能电站有功控制指令均是依据此并网点给出。

（3）省调已进行储能电站 AGC 建模，可以采用手动或自动方式通过与储能电站建立的通信通道下发遥调有功控制指令。下发遥调的数据信息类型参考火电厂 AGC 控制指令。

（4）省调 AGC 模型可根据储能电站现场情况调节指令步长。

2. 储能电站

（1）储能电站监控系统及设备性能满足相关技术规范要求。

（2）储能电站监控系统软件已通过安全测试与功能测试

试验。

（3）储能电站 PCS 具备有功控制能力，具备电网频率采集能力，且相应性能指标满足相关技术规范要求。

（4）储能电站 AGC 控制系统已安装调试完毕并完成静态试验。

（5）完成储能电站站内动态试验。

（6）储能电站 AGC 控制系统与调度中心通信通畅。

（7）储能电站监控系统和 PCS 系统已投产运行，并达到设计指标。

（8）储能电站向调度机构提出 AGC 试验申请，提交一次检修申请单并获得批准。

（9）主–子站动态联调前储能电站 SOC 容量应在 60%~80% 区间内。

（10）AGC 控制管理终端与监控系统已经建立通信，且可以接收储能电站有功指令，自行根据储能电站运行情况调整各电池模块出力，并网点有功达到储能电站总有功目标。

10.5.2 试验内容

1. AGC 接口信息测试

AGC 接口信息测试内容主要包括 AGC 控制系统相关功能检查及 AGC 信号的静态联调等。在对 AGC 相关功能（调度请求控制信号保持、控制信号允许、AGC 远方/就地切换机制等）进行检查和完善后，在 AGC 控制系统上与调度进行 AGC 相关信号联调校验，确保护控制回路正常、可靠。AGC 主要相关信号见表 10–6。

表 10 - 6　　　　储能电站 AGC 功能试验相关测点

测点类型	测点名称
遥测	AGC 控制对象有功目标反馈值
	AGC 控制对象 SOC 量测
	AGC 控制对象 SOC 上限
	AGC 控制对象 SOC 下限
	AGC 控制对象最大充电功率允许值
	AGC 控制对象最大放电功率允许值
	AGC 控制对象有功功率实际值
	AGC 控制对象最大功率放电可用时间
	AGC 控制对象最大功率充电可用时间
遥信	AGC 控制对象充电完成
	AGC 控制对象放电完成
	AGC 控制对象是否允许控制信号
	AGC 控制对象 AGC 控制远方就地信号
	AGC 控制对象充电闭锁
	AGC 控制对象放电闭锁
	AGC 控制对象调度请求远方投入/退出保持信号
遥控	AGC 控制对象调度请求远方投入/退出
	AGC 控制对象是否允许控制信号
遥调	AGC 控制对象有功功率目标值

2. AGC 功能投退测试

（1）储能电站在正常运行，检查并确认调度 AGC 有功功率指令能正确跟踪机组的实际有功功率。

（2）储能电站侧满足 AGC 投入允许条件，由调度人员投入本储能电站 AGC，储能电站检查是否收到"AGC 控制对象调度请求远方投入/退出（遥控）"信号，是否已运行在 AGC 方式，储能电站运行是否稳定、没有扰动。

（3）AGC 投入时，在储能电站侧画面上操作按钮，退出 AGC 方式，由调度人员检查本储能电站 AGC 是否已退出；储能电站侧检查运行是否稳定、没有扰动。

3. 设定功率试验

测试储能系统调节有功功率的能力，测试示意图如图 10‑29 所示，将储能系统与公共电网相连，所有参数调至正常工作条件。

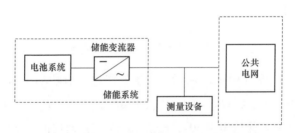

图 10‑29 有功功率设定值控制测试示意图

测试方法如下：

（1）按图 10‑30 所示，设置储能电站有功功率为 0，逐级升高充电有功功率至 $-0.25P_N$、$-0.5P_N$、$-0.75P_N$、$-P_N$，然后逐级降低充电有功功率至 $-0.75P_N$、$-0.5P_N$、$-0.25P_N$、0，各个功率点保持至少 30s，记录对应的功率值和变化曲线。

（2）按图 10‑30 所示，设置储能电站有功功率为 0，逐级升高放电有功功率至 $0.25P_N$、$0.5P_N$、$0.75P_N$、P_N，然后逐级降低放电有功功率至 $0.75P_N$、$0.5P_N$、$0.25P_N$、0，各个功率点保持至少 30s，记录对应的功率值和变化曲线。

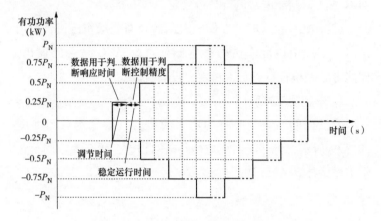

图 10-30　充放电有功功率测试曲线 1

（3）按图 10-31 所示，设置储能电站有功功率为 0，调节有功功率至 $0.9P_N$、$-0.9P_N$、$0.8P_N$、$-P_N$、P_N、$-0.8P_N$，各个功率点保持至少 30s，按表 10-7 记录对应的功率值和变化曲线。

（4）计算各点有功功率的控制精度。功率设定值控制精度按式（10-4）计算

$$\Delta P\% = \frac{P_{set} - P_{meas}}{P_{set}} \times 100\% \qquad (10-4)$$

式中：P_{set} 为设定的有功功率值，kW；P_{meas} 为实际测量每次阶跃后第二个 15s 有功功率的平均值，kW；$\Delta P\%$ 为功率设定值控制精度。

332

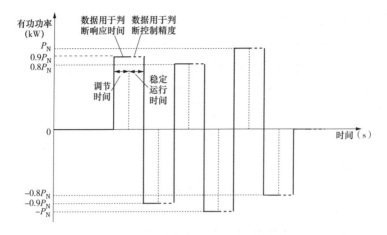

图 10‑31 充放电有功功率测试曲线 2

表 10‑7 储能电站有功功率设定值控制记录表

试验次数	初始有功	设定有功	稳定有功	控制精度
1				
2				
3				

4. 响应、调节时间测试

（1）充电响应时间测试。热备用状态下，储能系统本地监控系统自收到控制信号起，从热备用状态转成充电，测试其充电功率首次达到 90% 额定功率的时间。

（2）充电调节时间测试。热备用状态下，测试储能系统从开始充电到充电功率达到额定功率且功率偏差控制在额定功率的 2% 以内所需要的时间。

（3）放电响应时间测试。热备用状态下，储能系统本地监控系统自收到控制信号起，从热备用状态转成放电，测试其放电功率首次达到90%额定功率的时间。

（4）放电调节时间测试。热备用状态下，测试储能系统从开始放电到放电功率达到额定功率且功率偏差控制在额定功率的2%以内所需要的时间。

（5）充放电转换时间测试。正常工作状态下，测试储能系统从额定充电功率90%达到额定放电功率90%的时间与储能系统从额定放电功率90%达到额定充电功率90%的时间的平均值。

注：热备用状态——储能系统已具备运行条件，设备保护及自动装置处于正常运行状态，向储能系统下达控制指令即可与电网进行能量交换的状态。

5. AGC 自动调节试验

调度主站依据电网频率和联络线功率偏差以及充放电可调上/下限下发 AGC 调节指令，查看储能电站能否跟踪指令。

10.6 储能电站 AVC 功能试验

10.6.1 试验条件

1. 调度主站

（1）调度 D5000 系统已经与 AVC 控制管理终端完成通信。

（2）调度 AVC 闭环控制建模的反馈点为储能电站并网点无功、电压，主站下发的储能电站无功、电压控制指令均是依据此并网点给出。

（3）调度已进行储能电站 AVC 建模，可以采用手动或自动方式通过与储能电站建立的通信通道下发遥调无功、电压控制指令。

（4）调度 AVC 模型可根据储能电站现场情况调节指令步长。

2. 储能电站

（1）储能电站监控系统及相关设备性能满足相关技术规范要求。

（2）储能电站监控系统软件已通过安全测试与功能测试试验。

（3）储能电站 PCS 具备无功控制能力，且相应性能指标满足相关技术规范要求。

（4）储能电站 AVC 控制系统已安装调试完毕并完成静态试验。

（5）完成储能电站站内动态试验。

（6）储能电站 AVC 控制系统与调度中心通信通畅。

（7）储能电站监控系统和 PCS 系统已投产运行，并达到设计指标。

（8）储能电站向调度机构提出 AVC 试验申请，提交一次检修申请单并获得批准。

（9）主－子站动态联调前储能电站 SOC 容量应在60% ~ 80%区间内。

（10）AVC 控制管理终端与监控系统已经建立通信，且可以接收储能电站无功、电压指令，自行根据储能电站运行情况调整各电池模块无功功率，并网点无功、电压达到储能电站总目标。

10.6.2　试验内容

1. AVC 接口信息测试

AVC 接口信息测试内容主要包括 AVC 控制系统相关功能检查及 AVC 信号的静态联调等。在对 AVC 相关功能(调度请求控制信号保持、控制信号允许、AVC 远方/就地切换机制等)进行检查和完善后,在 AVC 控制系统上与调度进行 AVC 相关信号联调校验,确保控制回路正常、可靠。AVC 相关信号主要包括:调度请求投入/退出(遥控);无功功率控制目标(遥调);AVC 远方/就地控制信号(遥信)、是否允许远方控制(遥信)、调度请求投入/退出保持信号(遥信)。

2. 设定无功功率试验

测试储能系统调节无功功率的能力,测试示意图如图 10-32 所示,将储能系统与公共电网相连,所有参数调至正常工作条件。

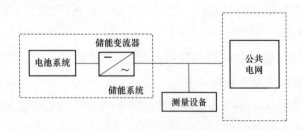

图 10-32　AVC 控制测试示意图

测试方法如下:

(1) 设置储能系统有功功率为 0。

(2) 调节储能系统输出无功功率设定值分别为 0、0.25Q_N、

$0.5Q_N$、$0.75Q_N$、Q_N、$0.75Q_N$、$0.5Q_N$、$0.25Q_N$、0（Q_N 为储能电站额定无功功率），各个无功功率设定值保持 1min。

（3）调节储能系统输出无功功率设定值分别为 0、$-0.25Q_N$、$-0.5Q_N$、$-0.75Q_N$、$-Q_N$、$-0.75Q_N$、$-0.5Q_N$、$-0.25Q_N$、0，各个无功功率设定值保持 1min。

（4）设置储能系统输出有功功率分别为 $0.5P_N$、P_N、$-0.5P_N$、$-P_N$（P_N 为储能电站额定有功功率），重复步骤(2)和步骤(3)。

3. 设定电压目标值试验

（1）设置储能系统有功功率分别为 0。

（2）逐级下调 AVC 电压目标值，直至电压目标值达到调度要求的母线电压下限值或储能电站减无功功能闭锁，各个电压目标值保持 5min。

（3）逐级上调 AVC 电压目标值，直至电压目标值达到调度要求的母线电压上限值或储能电站增无功功能闭锁，各个电压目标值保持 5min。

（4）设置储能系统输出有功功率分别为 $0.5P_N$、P_N、$-0.5P_N$、$-P_N$，重复步骤(2)和步骤(3)。

（5）在调度要求的母线电压运行范围内，设置一个 AVC 电压目标值，调节储能系统输出有功功率分别为 0、$0.5P_N$、P_N、$0.5P_N$、0、$-0.5P_N$、$-P_N$、$-0.5P_N$、0，各个有功功率值保持 5min。

（6）分别设置两个 AVC 电压目标值，重复步骤(5)。

参考文献

［1］何颖源，陈永翀，刘勇，等. 储能的度电成本和里程成本分析 ［J］. 电工电能新技术，2019，38（09）：1–10.

［2］刘英军，刘亚奇，张华良，等. 我国储能政策分析与建议 ［J］. 储能科学与技术，2021，10（04）：1463 – 1473.

［3］徐谦，孙轶恺，刘亮东，等. 储能电站功能及典型应用场景分析 ［J］. 浙江电力，2019，38（05）：3 – 10.

［4］张文建，崔青汝，李志强，等. 电化学储能在发电侧的应用 ［J］. 储能科学与技术，2020，9（01）：287 – 295.

［5］李建林，李雅欣，周喜超. 电网侧储能技术研究综述 ［J］. 电力建设，2020，41（06）：77 – 84.

［6］沈汉铭，俞夏欢. 用户侧分布式电化学储能的经济性分析 ［J］. 浙江电力，2019，38（05）：50 – 54.

［7］孙玉树，杨敏，师长立，等. 储能的应用现状和发展趋势分析 ［J］. 高电压技术，2020，46（01）：80 – 89.

［8］何姣，严彩霞，潘小飞. 我国电化学储能电站发展的现状、问题及建议 ［J］. 中国电力企业管理，2021（07）：55 – 58.

［9］惠东，高飞，杨凯，等. 锂离子电池安全防护技术专利分析 ［J］. 高电压技术，2018，44（01）：106 – 118.

［10］梅简，张杰，刘双宇，等. 电池储能技术发展现状 ［J］. 浙江电力，2020，39（03）：75 – 81.

［11］郑志坤. 磷酸铁锂储能电池过充热失控及气体探测安全预警研究 ［D］. 郑州大学，2020.

［12］冯旭宁. 车用锂离子动力电池热失控诱发与扩展机理、建模与防控［D］. 北京：清华大学，2016.

［13］李首顶，李艳，田杰，等. 锂离子电池电力储能系统消防安全现状分析［J］. 储能科学与技术，2020，9（05）：1505－1516.

［14］曹文炅，雷博，史尤杰，等. 韩国锂离子电化学储能电站安全事故的分析及思考［J］. 储能科学与技术，2020，9（05）：1539－1547.

［15］赖铱麟，杨凯，刘皓，等. 锂离子电池安全预警方法综述［J］. 储能科学与技术，2020，9（06）：1926－1932.

［16］廖正海，张国强. 锂离子电池热失控早期预警研究进展［J］. 电工电能新技术，2019，38（10）：61－66.

［17］Raghavan A，Kiesel P，Sommer L W，et al. Embedded fiber－optic sensing for accurate internal monitoring of cell state in advanced battery management systems part 1：Cell embedding method and performance［J］. Journal of Power Sources，2017，341：466－473.

［18］王春力，贡丽妙，亢平，等. 锂离子电化学储能电站早期预警系统研究［J］. 储能科学与技术，2018，7（06）：1152－1158.

［19］杜炜凝，周杨，于晓蒙，等. 基于锂离子电池储能系统的消防安全技术研究［J］. 供用电，2020，37（02）：34－40.

［20］李建林，谭宇良，周喜超，等. 国内外电化学储能产业消防安全标准对比分析［J］. 现代电力，2020，37（03）：277－284.

［21］胡玉霞，赵光金. 锂离子电池在储能中的应用及安全问题分析［J］. 电源技术，2021，45（01）：119－122.

［22］王久平. 及时应对储能安全风险挑战——从"4·16"北京丰台供电公司火灾事件说起［J］. 中国应急管理，2021（05）：10－13.